煤矿标准作业流程编制与应用指南

中国煤炭工业协会　编

应急管理出版社

·北　京·

内 容 提 要

本书共十四章，主要介绍了标准作业流程的概念、作用、实践以及相关理论，煤矿标准作业流程的研发历程、构成要素、体系内容以及在煤矿现场作业中发挥的作用以及应用效果，煤矿标准作业流程的编制方法、流程图建模的规则和技巧，煤矿标准作业流程的管控体系和管理系统，煤矿标准作业流程的应用和落地方法。本书言简意赅、通俗易懂、层层递进，为煤矿标准作业流程的推广和应用提供一套较为完善的技术指南。

本书可供煤炭企业相关的管理人员和技术人员学习参考，也可为其他行业制定标准作业流程提供一些借鉴。

编　委　会

主　任　刘　峰

主　编　汤家轩

副主编　赵飞虎　刘　具　何尚森

编写成员（按姓氏笔画排序）

王　猛　王　琢　刘占宇　杨　锐　肖翠艳

张学谦　张　锟　赵　迪　郜明明　梁跃强

程　坤

序

我国的资源禀赋条件决定了煤炭的主体能源地位和兜底保障作用长期内不会改变，煤炭工业仍是关系国家经济命脉和能源安全的重要基础产业。"十三五"时期是煤炭工业加快转型发展、实现历史性跨越的重要时期，煤炭行业坚持以习近平新时代中国特色社会主义思想为指导，认真贯彻落实推动煤炭供给侧结构性改革的系列政策措施，经过 5 年的不懈努力，实现了过剩产能有效化解，结构持续优化，市场供需基本平衡，行业效益回升，科技创新取得新突破，清洁高效利用水平迈上新台阶，矿区生态文明建设稳步推进，安全生产形势持续好转，转型升级取得实质进展。

"十四五"时期是我国开启全面建设社会主义现代化国家新征程的第一个五年，是实现第一个百年目标，开始向第二百年奋斗目标迈进的重要时期，也是我国发展的重要战略机遇期。煤炭行业要牢固树立新发展理念，准确把握新发展阶段的新特征新要求，贯彻落实能源安全新战略，以推动高质量发展为主题，以深化供给侧结构性改革为主线，加快向生产智能化、管理信息化、产业分工专业化、煤炭利用洁净化转变，建设现代化煤炭经济体系，推动煤炭行业由生产型向生产服务型转变，由传统能源向清洁能源的战略转型，为国民经济平稳较快发展提供安全稳定的能源保障。

"十四五"期间，安全生产仍是煤炭行业第一要务，过去 5 年我国煤矿安全生产形势总体向好，但仍有较大乃至重大事故发生，严重危害人民生命和财产安全，安全生产形势依然严峻复杂，国务院安委会、应急管理部、国家矿山安全监察局高度重视煤矿安全生产，防范化解重大安全风险依然是煤矿人的最大责任。剖析事故原因，一方面是管理上安全责任悬空、安全管理意识差、违法违规组织生产等，另一方面是操作层面没有按照规程、规范、标准等正常作业，最终导致安全事故发生。为进一步提高作业安全保障，避免安全事故发生，中国煤炭工业协会联合原神华集团研发了煤矿标准作业流程，将流程管理这一先进理念引入煤炭行业，得到了行业的积极响应和广泛应用，经多年发展和持续完善，积累了大量技术成果和优秀应用经验，在系统总结和提炼的基础上，征求了部分企业和专家意见，编写了此书，旨在科学指导煤炭行业应用煤矿标准作业流程，提高行业安全保障能力，进一步推动煤炭行业创新驱动和转型升级，做实、做优、做精煤炭行业，高质量发展。

当前，我国正经历世界百年未有之大变局，经济发展面临着更加严峻复杂的环境，我们要坚持以习近平新时代中国特色社会主义思想为指导，全面贯彻党的十九大和十九届二中、三中、四中、五中全会精神，认真贯彻落实党和政府的各项决策部署，统筹推进"五位一体"总体布局和协调推进"四个全面"战略布局，创新发展理念，提高发展质量和效益，增强能源供给保障能力，为保障我国能源供给安全、构建现代化能源体系做出新的贡献。

2021 年 8 月

前　　言

标准作业流程（SOP）自诞生以来已有 100 多年历史，由于具有高度的规范性和严密的逻辑性，在规范和指导员工作业、提高工作效率和保障安全作业方面具有强大的生命力，在国内外各行业得到了广泛应用，并逐步发展成为一种先进的管理理念。煤炭生产环节较多，涉及的岗位和人员多，不安全因素多，如何有效规范现场员工作业，减少零打碎敲事故，提高安全保障程度是煤炭行业长期以来的探索和解决的难题之一。引入流程理念，研发适用于煤炭生产的标准作业流程是提高现场安全管理水平、解决行业难题的最优方案之一，也是行业共识。

2013 年，中国煤炭工业协会咨询中心与原神华集团合作研发了煤矿标准作业流程，经过 8 年的建设和应用，目前已形成一套涵盖井工、露天、选煤三大核心专业，覆盖煤矿现场所有作业岗位，融合《煤矿安全规程》《煤矿安全风险预控管理系统规范》（AQ/T 1093—2011）等众多规程、规范和标准的高度成熟的现代化作业指导和管理体系。煤矿标准作业流程的研发填补了行业空白，促进了行业管理理念创新和转型升级，推动了煤炭生产的革命。借助于信息化管理平台，煤矿标准作业流程实现了编、审、发、学用全过程数字化，对规范员工作业、技能提升和安全培训等起到实质性促进作用。同时，得到了煤炭行业的高度认可，在华能扎煤、中煤塔山、兖州煤业等煤炭企业取得了较好的应用效果。国家局及山西省等主要产煤省的行业主管部门也相继下发了系列文件，要求推广和使用煤矿标准作业流程。

2020 年，国家发展改革委等八部委联合印发《关于加快煤矿智能化发展的指导意见》（发改能源〔2020〕283号），要求加强煤矿智能化基础理论研究与科技创新。煤矿标准作业流程集成了煤矿现场作业场景的基本操作程序，在遵循标准化、流程化、程序化和 PDCA 动态决策等方面是煤矿实现全面智能化的基础要素和必经路径，煤矿标准作业流程的广泛应用为煤矿智能化升级提供了重要技术基础支撑。

为实现煤炭行业流程先进成果和优秀经验共享，带动全行业"识流程、学流程、用流程"，中国煤炭工业协会咨询中心在总结和提炼多年流程研发、推广和应用技术经验的基础上，组织编写了本书。本书秉承"理论与实践相结合，侧重落地和应用"的编写理念，引入了当前最新流程理论，搜集和汇总了全行业流程先进应用、管理案例，并辅以大量图表进行阐释，同时广泛征求了行业相关流程技术专家的意见，力求言简意赅、通俗易懂、层层递进，为煤矿标准流程的编写和应用提供一套较为完善的技术指南。

本书共十四章，第一章主要介绍了流程研发的背景，第二和第三章主要介绍了标准作业流程是（SOP）概念、作用、实践以及相关理论，第四至第六章主要介绍了煤矿标准作业流程（SOPCM）研发历程、构成要素、体系内容、在煤矿现场作业中发挥的作用以及应用效果，第七至第九章主要介绍了煤矿标准作业流程的编制方法、流程图建模的规则和技巧，第十章和第十一章主要介绍了煤矿标准作业流程的管控体系和管理系统，第十二章至第十四章主要介绍了煤矿标准作业流程应用和落地方法。

本书编写过程中充分借鉴了国家能源集团杨汉宏、赵永峰、尤文顺、王铁军、陈钢、孟峰、周廷扬、高清福、叶平、侯佃平、马忠辉、刘忠全、崔杰、丁震、崔高恩，国能神东煤炭集团罗文、高登云、李建章、周海丰、刘英杰、吕谋、王庆雄以及吴建华、高晓芬、康文泽、左前明、王盛铭、强辉等同志的多年工作经验和研究成果，在此一并表示感谢！由于煤矿标准作业流程仅在部分煤炭企业进行了推广和应用，相关理论和技术有待进一步补充和完善，加之编者水平有限，书中不足之处，敬请广大读者批评指正。

作　者

2021 年 6 月

目　　录

第一章　流程研发背景

在管理中有一句名言叫作"制度管人、流程管事"，这句话囊括了管理的精髓。流程其实就是做事情的顺序，即第一步做什么、第二步做什么，第一步怎么做、第二步又怎么做。《统筹方法》一文中华罗庚讲过烧开水泡茶的例子，流程还要有系统思想和统筹方法，才能做到流程最优、效果最好。

近年来，全国煤矿每年发生死亡事故超过120起，死亡和被困人员超过200人。这些事故大部分是因作业人员未按照流程工作导致的。习近平总书记指出，"接连发生的重特大安全生产事故，造成重大人员伤亡和财产损失，必须引起高度重视。人命关天，发展决不能以牺牲人的生命为代价。这必须作为一条不可逾越的红线。"因此，如何规范员工现场作业，提高安全生产管理水平是我国煤矿需要长期面临的难题，由于缺失操作标准造成现场"三违"现象频发，甚至引发重大安全事故，亟须研发一套科学性高、实用性强、易学易用的标准作业流程，弥补我国煤炭行业现场作业流程化管理的空白。

本章从煤矿现场安全事故案例、现行制度及手册存在的不足、煤矿人才流失以及煤矿现场作业监督和管理等方面分析流程研发的迫切性和必要性。

背景一：操作不规范，现场事故时有发生

煤矿现场安全管理对煤矿生产乃至员工生命至关重要。煤炭行业因历史原因和其特点，长期以来缺少现场作业标准，导致人员作业随意，各类事故时有发生。随着煤矿生产技术和管理水平的提升，煤炭的效益随之提高，促使煤矿安全软硬件设施的投入有了较大的改善，煤矿事故得到了一定程度的遏制，尤其是重大事故发生率显著下降，但在实际生产中，煤矿"零打碎敲"的事故仍然比较频繁，尤其是员工不安全作业行为、违章作业以及管理人员的违章指挥（俗称"三违"）导致的事故占了很大比例，"三违"事故长期累积，量变引起质变，最终仍然会引发重大安全事故。

【例1-1】广隆煤矿"12·16"重大煤与瓦斯突出事故

事故经过：2019年12月16日，该矿夜班当班入井共计23人，23时10分，正在二部带式输送机头操作的带式输送机司机突然感觉有一股风吹过来，巷道里粉尘变大，眼睛难以睁开。此时，在二采区带式输送机下山带式输送机头操作的司机被风流冲倒，风流持续约10 min后停止；23时14分，韦某发现水泵房、变电所、主水仓入口处甲烷传感器发出报警信号并闻到有焦臭味，韦某将三个甲烷传感器传输线拔掉并沿带式输送机运输线路往二采区方向查看情况；23时30分许，韦某到达二采区运输下山斜巷刮板输送机处先后遇到田某和被冲倒后从二采区带式输送机下山走上来的杨某。此后，韦某随即打电话给彭某报告"可能发生煤与瓦斯突出了"，彭某接到井下汇报电话后，随即拨打21202运输巷及回风巷和开切眼的电话，电话均接通但无人接听，直至杨某等4人升井方确认发生了煤与瓦斯突出事故。事故共造成16人死亡、1人受伤，直接经济损失约2311万元。

事故原因：该矿未执行瓦斯突出处理操作规范，违章指挥工人在有明显突出预兆的情况下冒险作业，2019年11月中旬以来，21202运输巷、回风巷瓦斯涌出量增加，频繁超限，并出现响煤炮、顶钻、卡钻、喷孔等明显突出预兆的情况下，煤矿既不立即停止作业撤出人员，也未制定防突措施和针对性作业流程，最终引发事故。

事故分析：瓦斯检查工违反《煤矿安全规程》第一百八十九条以及有关检查作业环境和传感器的相关规定，没有执行煤与瓦斯突出检查和处理标准作业流程，没有按照瓦斯工巡检以及日常维护标准作业流程操作，同时矿井班组和调度室应急救援没有按照紧急情况汇报和撤人作业流程操作，导致事故进一步扩大。

【例1-2】百吉矿业有限责任公司"1·12"重大煤尘爆炸事故

事故经过：2019年1月12日该矿连采队当班出勤26人，16时24分，主平硐驱动机房带式输送机司机杭某发现主平硐口有黑烟喷出，电话汇报值班调度员王某。王某立即查看，发现安全监测监控系统和通信联络系统中506连采工作面信号中断，立即通知张某查明情况。16时25分，井下带班矿领导杨某发现507综采工作面风流逆转，粉尘较大，电话汇报调度室后，到506连采面查看情况，发现506回风巷有2处密闭墙损坏，烟尘较大，于17时18分将情况汇报调度室，17时40分，该矿通知井下所有作业人员撤离。事故造成21人死亡，直接经济损失 3788 万元。

事故原因：违法进入采空区组织回采，开采老空保安煤柱，未执行入井设备检查流程，违规使用国家明令禁止的设备，506 连采工作面主、辅运输车辆均为无 MA 标志的非防爆柴油无轨胶轮车，主运输车辆由个人购买，自管自用，在三支巷中部处于怠速状态下的无 MA 标志非防爆 C17 运煤车产生火花，点燃煤尘，发生爆炸，造成人员伤亡。

事故分析：无轨胶轮车运行和检查违反《煤矿安全规程》第三百九十二条规定，没有执行无轨胶轮车运行和检修标准作业流程，不完好状态下就下井运人运料，且设备管理没有按照日常维护标准作业流程执行，导致事故发生。

【例 1-3】逢春煤矿"12·15"较大运输事故

事故经过：2018 年 12 月 15 日，该矿井下带班矿领导为机电副总工程师胡某，综采三队跟班副队长罗某安排 8 名作业人员在副斜井+272 m 矸石仓下口施工"横梁眼"；17 时 45 分左右，运输队跟班副队长李某（已在事故中遇难）跟班巡查运输系统到达此处。18 时 01 分，副斜井箕斗在+300 m 矸石仓装矸后，沿斜井向上提升 145 m 后，箕斗牵引架右侧连接杆发生断裂，重载的箕斗与牵引钢丝绳脱离，失控的箕斗沿轨道高速下冲，撞向+272 m 矸石仓下口还在施工的作业人员。事故造成 7 人死亡、1 人重伤、2 人轻伤。

事故原因：未制定检修流程进行定期巡检，导致该矿副斜井使用质量和加工存在缺陷的箕斗拉杆，同时缺少规范作业流程，部分人员违规指挥、违规作业，在副斜井箕斗提升期间违规组织人员在下段区域作业，最终造成人员伤亡。

事故分析：副井提升机司机违反《煤矿安全规程》第三百八十八条规定，没有按照副斜井提升机运行、检修以及日常维护标准作业流程执行。通过正规流程的检查和操作就可以发现设备存在缺陷，人员也不会违章作业、违章指挥，避免伤亡事故发生。

【例 1-4】红阳三矿"11·11"重大顶板事故

事故经过：2017 年 11 月 11 日，红阳三矿全矿入井 470 人，其中西三上采区 702 综采工作面 26 人。10 日 23 时 35 分，综采二队吴某和周某对工作环境安全确认后安排组织人员作业，采煤机从 40 号支架处开始上行割煤，11 日 2 时 26 分，当采煤机割煤至 37 号支架、支架移至 75 号支架时，40 号支架处周某听到一声巨大的闷响，随后发现工作面照明熄灭、煤尘飞起，感觉工作面风流停止，立即使用扩音电话通知在工作面 75 号支架附近的张某去工作面刮板输送机机尾通知人员撤离，张某到机尾处后，发现工作面上出口已被堵死，侯某被埋，人事不省，吴某带领人员赶到机尾处，发现王某被工字钢、单体支架和煤岩压埋且已无生命迹象。事故造成 10 人死亡、1 人轻伤，直接经济损失 1456.6 万元。

事故原因：没有开展冲击地压危险性鉴定，瓦斯治本措施不到位，技术管理不到位，未制定专人顶板离层监测和矿压观测流程，在超前支护段未安装支柱工作阻力检测设备，对超前支护段矿山压力未进行观测，导致未能及时掌握矿压变化情况，引发事故。

事故分析：矿井技术管理违反《煤矿安全规程》第二百二十六条规定，缺少顶板离层观测和矿压观测标准作业流程，导致超前支护无法有效起到支撑作用。制定和执行相关流程可以量化标准、规范作业、约束行为，起到保证安全的作用。

【例 1-5】梁宝寺煤矿"8·20"较大煤尘爆炸事故

事故经过：2020 年 8 月 20 日，山东省肥城矿业集团梁宝寺能源有限责任公司 35003 综放工作面采煤机截割过程中滚筒截齿与中间巷金属支护材料（锚杆、锚索、钢带）机械摩擦产生的火花，引燃截割中间巷松软煤体扬起的煤尘（悬浮尘），导致煤尘爆炸，事故造成 7 人死亡、9 人受伤，直接经济损失 1493.68 万元。

事故原因：一是未按规程措施要求及时拆除巷道锚杆盘、钢带和锚索索具，也未及时拆除缠绕在采煤机滚筒的锚索，滚筒带动缠绕的锚索旋转导致扬尘增加并产生火花。二是防尘管理不到位，采煤机内喷雾堵塞未及时处理，推采过程中支架间喷雾、放顶煤喷雾不能正常使用；未按设计进行煤层注水。三是安全风险管控不到位。35003 综放工作面变更设计后工作面形成 1 条中间巷，梁宝寺煤矿辨识出工作面过中间巷煤尘爆炸风险后，管控措施针对性不强、落实不到位。四是技术管理不到位。编制 35003 综放工作面作业规程时，未考虑中间巷因素，揭露中间巷后，未及时修改作业规程，未对通风、防尘等相关内容进行补充完善。

事故分析：违反锚杆支护工退锚标准作业流程、违反采煤机运行检修以及喷雾检修标准作业流程，造成中间巷的锚杆未及时拆除和采煤机喷雾失效，导致事故发生。制定并执行标准作业流程可以及时排除隐患，保障安全生产。

【例 1-6】万通源煤矿"11·11"较大透水事故

事故经过：2020 年 11 月 11 日，山西朔州平鲁区茂华万通源煤业有限公司

40108 运输巷掘进工作面前方及东侧区域存在采空区、废弃巷道和大量采空区积水，未按防治水相关规定进行探放，掘进时超出允许掘进距离直接掘透废弃巷道，导致大量老空水瞬间涌出，引发较大透水事故，该事故造成 5 人死亡，直接经济损失约 2570 万元。

事故原因：一是违规承包转包井下工程。万通源煤业将矿井整体托管给山东龙口矿业集团有限公司后，违规将 40108 运输巷掘进工作面作为独立工程进行承包并转包给不属于托管方的队伍（106 队），违规在一采区东翼布置 1 个采煤工作面和 3 个掘进工作面同时作业；106 队无防治水专业技术人员和专职探放水队伍，临时拼凑人员组成探水队，编制的探放水设计中钻孔数量及间距不符合《煤矿防治水细则》规定，也未按照设计施工探放水钻孔。二是山东龙口矿业集团有限公司山西矿井管理分公司万通源煤业项目部蓄意逃避监管。通过40108 运输巷掘进工作面不上图、甲烷和一氧化碳等传感器数据不上传，上级检查时要求 106 队打设密闭等手段逃避监管检查。三是拒不执行上级公司下达的停止 40108 运输巷掘进工作面掘进作业的指令。四是华电煤业山西分公司对万通源煤业违规布置 40108 工作面进行批复。

事故分析：探放水作业人员违反《煤矿防治水细则》第四十二条、第四十三条、第四十四条以及探放水钻孔标定标准作业流程等有关规定，造成探放水作业步骤不规范，作业标准不明确。

【例 1-7】吊水洞煤矿 "12·4" 重大火灾事故

事故经过：2020 年 12 月 4 日，重庆市胜杰再生资源回收有限公司（以下简称胜杰回收公司）在重庆市永川区吊水洞煤业有限公司（以下简称吊水洞煤矿）井下回撤作业时，回撤人员在 -85 m 水泵硐室内违规使用氧气/液化石油气切割水泵吸水管，掉落的高温熔渣引燃了水仓吸水井内沉积的油垢，油垢和岩层渗出的油燃烧产生大量有毒有害烟气，在火风压作用下蔓延至进风巷，引发重大火灾事故，事故造成 23 人死亡、1 人重伤，直接经济损失 2632 万元。

事故原因：一是吊水洞煤矿未按上报的回撤方案组织回撤作业。上报给地方政府和有关部门的撤出井下设备报告及回撤方案中，隐瞒了已将井下回撤工作交由胜杰回收公司组织实施的事实，且上报的回撤方案中未将井下水泵列入回撤设备清单，但实际对水泵进行了回撤。二是胜杰回收公司不具备煤矿井下作业资质，井下设备回撤作业现场管理混乱，安排未取得焊接与热切割作业证的人员在井下进行切割作业，在 -85 m 水泵硐室气割水管前，未采取措施清理或者隔离焊碴、防止飞溅掉落到存有岩层渗出油的吸水井的措施。三是吊水洞煤矿和胜杰回收公司安全管理混乱。未落实煤矿入井检身制度，入井人员未随身携带自救器，隐患排查治理不到位。

事故分析：作业人员违反切割标准作业流程，作业步骤不规范，作业前未对周围环境进行观察，未及时发现作业中存在的安全隐患，造成事故发生。

背景二：规章制度多，欠缺操作层面的指导

为规范现场管理和员工作业，国家及行业相继出台了一系列规程、规范及标准等，如《煤矿安全规程》《煤矿防治水细则》《煤矿重大事故隐患判定标准》以及《煤矿安全生产标准化管理体系考核评级办法（试行）》等，同时还出台了一系列的政策文件，在规范煤矿现场作业、保障安全生产等方面起到了重要作用，但是规程、规范及标准在现场落实时仍存在问题。一是规程、规范只针对关键作业环节、重点操作步骤进行规范和要求，缺少现场作业其他环节的内容，不能全面覆盖现场作业需求。二是规程、规范及标准涉及管理层面的内容多，操作层面的内容少，现场作业缺少具体的操作标准。三是规程、规范及标准涉及固定工种岗位描述得多，联合作业流程描述得少。因此，规程等的管理重点主要落在理论指导上，相对比较宽泛，缺少现场作业具体内容的规范性指导。

国内部分煤炭企业也进行了一系列积极探索，如某集团编写的《某煤业股份有限公司煤矿岗位标准化作业标准》涵盖了采煤、综机、掘进、机电、辅助运输、通防、选煤等各种作业的作业标准，具有一定的实用性和指导性。某集团按照"标准化上岗，规范化操作"的工作要求，本着全员、全过程、个性化的原则，以工序流程为主线，把各操作环节按照操作规程、安全规程和文明行为规范的具体要求进行分解，确定出岗位工序流程中的安全关键点，构建了一套现场管理和操作标准体系，总结编写了《某集团煤矿操作岗位标准化作业标准》。以上成果都为规范员工行为、保障安全生产起到了积极作用，但仍然存在问题：一是相关成果过于宽泛，没有对具体任务的操作环节进行详细的分解，没有明确各岗位工序中的安全风险点，实际操作性不强；二是只停留在对作业的技术标准进行规范，对煤炭开采加工过程中的风险管控、质量控制等没有实际的指导作用；三是由于地域和现代化程度的差异，存在内容不全、适用性不强、应用不灵活、过于表单化等不足；四是没有考虑信息化应用，传播效率较

低，培训和学习效果较差，成果难以共享，优势难以互补；五是没有引入流程管理理念，没有借鉴当前先进企业 SOP 的经验。因此，有必要结合煤炭行业特点，探索新的方法，开展系统性研究，弥补现有成果的不足。

背景三：人才流动频繁，经验无法固化，丢失大量作业经验

煤炭行业人才流失与一线员工招工困难的问题异常严峻，尤其是现场作业经验丰富的技术工人。在人才市场供需极不平衡的背景下，流动频繁和招工困难双重因素加剧了现场技术"断档"问题，无法保障连续安全生产。煤矿作业长期以"师带徒"的模式存在，现场作业经验无法固化，掌握丰富作业经验的人才一旦流失，其积累的现场作业经验也会随着时间逐渐失传，并且在缺少标准、统一的方式固化作业经验的情况下，通过"师带徒"模式传递的经验也会因传递环节的增多、学习人员理解差异等，出现关键环节缺失、跑偏等现象，最终导致各类零星事故和"三违"事故发生。因此，有必要利用一种标准、统一的作业指导工具，梳理并固化现场积累的大量作业经验，为煤矿提供技术储备，增强煤矿抵御人才流失的风险。

背景四：一线员工素质、技能提升缺少有效培训手段

在煤矿人才流失的背景下，现场作业人员素质、技能提升面临的困境进一步恶化，部分煤矿一线作业人员的平均年龄甚至有增长的趋势，在此种情况下，如何提高现场人员作业质量、安全培训效果，有效、快速培养现场专业技术人才一直是煤矿面临的难题。以往的培训多以各种规程、规范为重点，培训思路是通过警示、告诫促进员工安全作业，培训的核心内容也是告诉员工"不能做什么、不能干什么"，培训手段较为单一，而现场作业"应该干什么、怎么干"却缺少相应的培训内容，也就难以通过这种培训方式提高一线员工的技能水平，尤其是文化素质偏低、年龄偏大员工的专业技能。因此，需要转变培训思路，提炼现场正确、科学的作业方式，由"被动"变为"主动"，在告诫员工作业"红线"的同时，更应该告诉员工作业到底应该怎么做。

背景五：操作标准各异，现场监督无从下手

由于煤矿现场没有统一的作业标准，不同岗位作业人员对同一设备、作业的理解存在较大差异，导致现场实际操作也存在较大差异，这就给现场监督和

管理造成了很大困难，在缺少统一作业标准的情况下，现场无法监督作业方式的正确性，如作业步骤的顺序是否正确、作业内容是否全面无遗漏、作业标准是否达标，是否存在安全风险等都无法实施监督，"各说各有理"，长此以往便出现作业随意、"差不多"等现象，甚至是违法、习惯性违章作业，因此，亟须制定统一的作业标准，一方面方便现场员工使用，实现自我约束，另一方面给现场监督和管理提供有效抓手，实现外部监管，提高现场安全保障水平。

背景六：工作程序不合理，存在窝工现象

以煤矿重大检修项目为例，由于没有对重要工作程序进行优化，缺少系统思维和统筹思想，该提前准备到位的没有准备到位，该并行进行的工作没有同时进行，各工作环节之间衔接不畅，存在"等、靠"的现象，导致工作效率低下，重大检修项目存在窝工的现象，严重影响矿井正常的安全生产。因此，亟须编制一套程序最优、时间最短、效率最高的作业流程，满足安全高效矿井的需要。

第二章 标准作业流程（SOP）

第一节 SOP 的概念和发展历程

标准作业流程（SOP，Standard Operation Procedure）也称标准作业程序，就是将某一事件的标准操作步骤和要求以统一的格式描述出来，用来指导和规范日常的工作。某钢铁企业典型 SOP 如图 2-1 所示。

SOP 的产生是在工业革命兴起后，随着生产规模的扩大，产品日益复杂，分工日益明细，品质成本急剧增高，各工序的管理日益困难。如果只是依靠口头传授的操作方法，已无法控制生产效率和产品品质，这意味着手工作坊时代学徒形式的培训已不能适应规模化的生产要求，必须要转型为对知识和经验的记录、总结、培训和传授。

进入 21 世纪，管理与科学技术发展迅速，市场竞争激烈，绝大多数行业的生产和经营环节不断改进，使得分工越来越细，工序越来越复杂，生产过程和最终产品的技术含量越来越高，企业间的协作关系也日益密切。这推动企业优化并形成统一的各工序操作步骤及方法，形成稳定的生产效率和生产质量，降低人为因素导致的低效低质。这种统一的各工序操作步骤及方法构成了企业的标准作业流程，以作业指导书的形式纳入应用环节。SOP 的发展历程可大致分为形成、发展以及成熟三个阶段（图 2-2）。

（1）流程的形成阶段。现代意义上的标准作业流程是在近代社会形成的，大规模的机械化生产为标准作业流程的发展和成熟奠定了物质基础。标准作业流程理论创始人是被称为"科学管理之父"的美国著名管理学家泰勒，他在大量生产试验的基础上，提出并逐渐完善了科学管理和标准化思想。

（2）流程的发展阶段。20 世纪，特别是第二次世界大战结束以后，标准作业流程的理论与实践已经进入了成熟期，出现了流程研究的专业人员和专业机构，其在各行各业中的应用已经相当普及。标准作业流程的制定、修改、审批

9

图2-1 某钢铁企业典型SOP

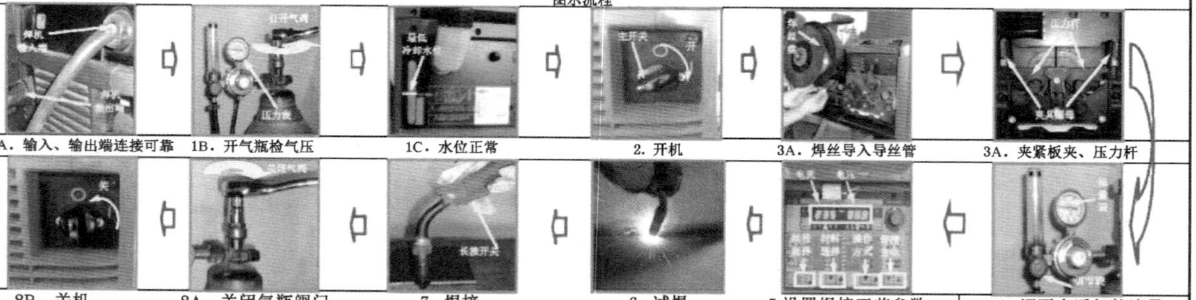

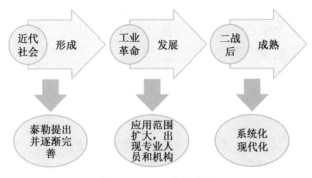

图 2-2　SOP 发展历程

过程也发展得十分规范。

（3）流程的成熟阶段。标准作业流程已经在航空航天、生物工程、智能机器人、核能技术等高科技领域得到了广泛应用，这使得当前标准作业流程中使用的工具越来越现代化、科技含量越来越高、技术手段也越来越有创新性。

第二节　SOP 的特征和作用

一、特征

SOP 定位准确，涉及作业的每一个层面、每一个环节、每一个步骤，强化过程控制，保障作业的质量和人身安全。SOP 具有以下特征：

（1）SOP 是一种程序，是对一个过程的描述，不是对一个结果的描述。SOP 通过对过程的标准化操作，减少和预防差错和不良后果的发生。同时，SOP 又不是制度，也不是表单，是流程下面某个程序中关于控制点如何来规范的程序。

（2）SOP 是一种作业程序。SOP 是操作层面的程序，是实实在在的、具体可操作的标准作业指导，不是理念层次上的东西。如果结合 ISO9000 体系的标准，SOP 属于三阶文件，即作业性文件。

（3）SOP 是一种标准的作业程序。所谓标准，在这里有最优化的概念，不是随便写出来的操作程序都可以称作 SOP，一定是经过不断实践总结出来的在当前条件下可以实现的最优化的操作程序设计。说得更通俗一些，所谓的标准，就是尽可能地将相关操作步骤进行细化、量化和优化，细化、量化和优化的度就是在正常条件下大家都能理解又不会产生歧义。从这个意义上讲，SOP 本身也是企业管理知识的积累总结和显性化。

（4）SOP 是一个体系。虽然我们可以单独地定义每一个 SOP，但真正从企业管理角度看，SOP 不可能只是单个的，必然是一个整体和体系，是企业不可或缺的。

（5）SOP 不是万能的，不能解决和预防所有问题的发生。SOP 本身是一个遵循 PDCA（计划、执行、检查、改进实施）不断优化的过程。

二、作用及优势

SOP 是企业最基本、最有效的管理工具，是企业技术能力和数据的积累。从 SOP 的定义、特征可以看出，SOP 是操作层面上将某一事件的标准操作步骤和要求以统一的格式描述出来的作业文件，其主要制定者是企业，服务于企业的各个岗位和工作。SOP 既是基于技术标准的生产实施方法，又是管理标准下的具体实施业务性指导文件，构成了标准化体系应用的基础。SOP 的优势主要体现在以下几点：

（1）企业隐性知识显性化。SOP 能起到对企业知识的积累和提炼的作用。使企业知识得到传承和使用。

（2）所有流程一目了然。SOP 促使保障企业业务稳定健康的发展，而不会因某个人的原因（离职，休假等）而导致业务中断或出现差错。当发生人事异动时，接替的员工就能在最短的时间内掌握业务要领，基本达到熟练工的技能水平。

（3）所有作业更规范有序。在所有流程制定时，容易发现这些流程的疏失之处，进而适时予以调整更正，使各项作业更严谨、规范。

（4）保持动态优化与改进。SOP 本身的建设是一个不断优化的过程，可促使企业作业流程的不断优化、改革和进步。

（5）强化个人行为的自觉性。能让个人在 SOP 的推动力下形成一种原动力，最后不断的推进，让其在原动力下做到这样的标准，进而强化执行力。

三、与制度、规范、标准的关系

SOP 是一个体系，是相互联系、相互衔接、相互支撑的一个整体，而不仅仅是一个个独立的标准操作流程。在 SOP 中，规程、规范、标准和表格单据等是支撑 SOP 的依据和内容表现形式，它们的关系如图 2-3 所示。

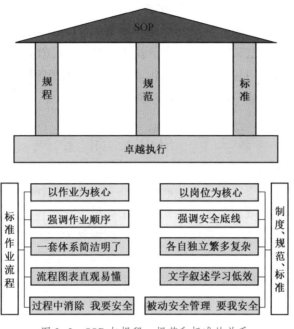

图 2-3　SOP 与规程、规范和标准的关系

（1）从整体来看，SOP 与规程、规范和标准一样，都是企业实现规范化、标准化的管理工具，两者相对独立，在实际应用过程中，两者可以有机结合，共同构成企业标准化管理体系。

（2）从应用效果来看，SOP 与规程、规范和标准一样，都需要卓越执行作为基础才能真正发挥作用，因此辅以针对性的管理措施，才能保证 SOP 的落地和应用。

（3）从制定过程来看，SOP 的制定除了依据已有的作业或操作经验外，还必须符合国家相关的安全规程、技术标准、技术规范等，SOP 包含的具体操作步骤、操作说明、相关表格和作业表单等的编写，都必须以规程、规范和标准为依据。

（4）从二者的区别来看，SOP 是以作业为核心，侧重具体开展的事务，而制度、规范和标准则以岗位为核心；SOP 强调步骤之间的逻辑关系，这也是流程发挥作用的关键，而制度、规范和标准强调安全底线，多用于生产和安全管理；SOP 在编制过程中一般会融合相关的制度和规范等，形成一套有机体系便于使用，而制度、规范和标准往往各自成为一套体系并且涉及的层面多，不仅有国家层面、行业层面还有企业层面，甚至一线生产层面也会出台相关规定，给现场使用带了诸多不便；从展示形式上来看，SOP 图文并茂，直观易懂，易于理解，而制度、规范和标准多以文字叙述为主，学习效率较 SOP 低；从保障安全的角度看，SOP 用科学的程序在作业过程中主动消除安全风险和隐患，而制度、规范和手册则是一种被动安全管理。

第三节 SOP 应 用 实 践

任何一家企业的运营都离不开流程，科学、适宜的标准作业流程能够将管理者从烦琐的事务中解放出来，也有助于企业员工在具体的执行过程中更加明确、清楚地知道自己什么时候该做什么事，应该先干什么、后干什么，做事情要达到怎样的标准等。合理高效的标准作业流程能够消除企业部门壁垒，消除职务空白地带，解决执行不力的顽疾，这无疑是提高企业效能的关键，也是企业降低成本、增强竞争力的基础。很多世界一流企业都从标准作业流程中受益，如国家电网、中国石油等。

1. 国家电网

国家电网石家庄鹿泉供电公司通过几年的实践，对中国电力企业的 SOP 进行了较为全面的制定和实施。该公司认为，标准化是现代企业管理的核心，只有提高企业标准化水平，才能提升企业核心竞争力。在标准化建设工作中，鹿泉供电公司共计梳理各类制度、流程 1040 项，各项工作得到全面整合，工作流程更加顺畅。公司员工充分发挥聪明才智，涌现出了调度指纹识别系统、防潮垫布、标准化信息管理系统等创新成果 32 项，其中 10 项被《标准化建设创新成果汇编》收录，公司编制的《标准化知识手册》也被多个兄弟单位借鉴推广。

在工作中，国家电网石家庄鹿泉供电公司将同业对标理念应用到各项日常工作中，专门成立了鹿泉市供电公司标准化委员会，下设技术标准、管理标准、工作标准三个分委会及六个专业管理组，制定了《鹿泉市供电公司标准化建设竞赛实施细则》《鹿泉市供电公司标准化建设考核管理办法》，细化活动计划，明确时间节点，具体负责标准化工作的开展。组织开展月度业绩对标工作，将68 项业绩指标分解落实到责任人，加强了同业对标过程管理和环节控制，组织人员到同行业进行外部对标，认真总结提炼同业对标典型经验。全面开展这项工作后第一个月，全市低压线损就由同期的 8.41% 下降到了 7.75%，下降了 0.66 个百分点，少损电量近 10^5 kW·h，仅此一项指标即节约成本 6 万元，为企业带来了巨大的经济效益，标准化建设成效显著。该公司线损管理被国网公司评为"十佳典型经验"。

2. 中国石油

中国石油长庆油田第五采油厂面对生产规模快速扩大、新员工大量增加等实际问题，始终把推行岗位标准作业程序作为提高岗位员工工作技能水平、培养员工良好安全习惯、夯实安全管理基础的利器，积极探索、实践能够有效推行岗位标准作业程序的方法，很大程度上规范了岗位员工具体的生产操作行为，取得了显著成效。

在推广 SOP 中总结了 5 种主要做法：①制定严谨的岗位标准作业程序，由专门的支撑小组及时深入各生产现场进行测试，查找问题和漏洞，及时补充、修改、完善；②强化全员岗位标准作业程序培训，以《岗位标准作业程序》为主要培训内容，多种形式并用，着重突出"教、说、练"三个环节，努力实现操作员工规范标准作业；③强化推广岗位标准作业程序的示范引导，通过培育典型、以点带面以及制定实践计划等方式加强示范引导效果；④加大岗位标准作业程序的监督考核；⑤注重有效推广方法的系统总结与应用，在推广岗位标准作业程序的过程中，采油五厂积极倡导员工提升"自我管理、自我完善、自我总结、自我创新、自我发展"的意识和能力，不断总结推广新方法、新经验。

岗位标准作业程序在生产中推行得到的成效明显，主要体现在以下方面：

一是促进了标准化体系建设的深入开展。岗位标准作业程序的有效推广，使员工深刻体会到标准化体系不仅是一种提高运行效率和安全环保能力的程序，更是一种新的管理思想的导入，是传统管理思路的转变，是提升企业竞争力和塑造企业形象的管理变革。

二是促进了基层突出问题的深入解决。岗位标准作业程序从明晰岗位职责入手，理清各岗位的工作界面，明确岗位的工作内容和要求，改变了传统管理模式下基层岗位分工不细、职责界定模糊、操作标准不规范的粗放式管理，使岗位员工明确了该干什么、怎么干、干到什么程度，使精细管理的内涵延伸到了一线岗位，实现了岗位操作标准化、程序化、规范化、简单化。

三是培养了员工良好的操作行为习惯。由经验操作转变为标准操作，固化了员工操作行为，"只有规定动作，没有自选动作"的理念进一步深入人心，员工学标、对标、创标的热情日益高涨，标准操作习惯逐渐养成，有效地杜绝了违章操作、麻痹大意的坏毛病、坏习惯。

四是提高了生产安全系数及工作效率。标准化的操作涵盖了岗位风险源及控制措施，对每个作业程序控制点的操作进行了细化、量化和优化，减少和避免了重复操作和无效操作，安全提示更加具体，操作程序更加简捷，有效提升了安全生产系数和工作效率。

第三章　流　程　理　论

第一节　标　准　化　理　论

SOP 作为一种成熟的应用实践方法体现出了多种管理思想和理论，从理论层面分析 SOP 可以提高对其本质的认识和理解。

SOP 本质是一种标准化的思想，标准化理论作为科学管理的基础，在经历上百年的发展后至今仍发挥着科学作用，人们熟悉的 ISO9000 标准化体系就是较为成熟的一种标准化应用成果。标准化是指在经济、技术、科学和管理等社会实践中，对重复性的事物和概念，通过制订、发布和实施标准达到统一，以获得最佳秩序和社会效益。具体到企业，尤其是生产企业，为了节省时间、资源，实现生产效益最大化，就必须实行标准化生产，最大限度地实现生产环境、人员、工艺、操作等的统一化和标准化，从而实现标准化产出，达到节约成本、提高效益的目的。

SOP 就是标准化的一种形式，其主要强调作业步骤的逻辑性、作业内容的统一性和标准性，从而将由于人的操作原因造成的偏差或失误降至最低。相较于广义上的标准化理论，SOP 是一项具体的应用和成果，其适用范围十分广泛，只要有人参与的工作都可以用 SOP 进行规范，如餐饮服务行业、安全生产、航空作业等。

第二节　事　故　致　因　理　论

事故致因理论又称轨迹交叉理论（Trace Intersecting Theory）是一种研究伤亡事故致因的理论，其内容可以概括为设备故障（或物处不安全状态）与人失误，两事件链的轨迹交叉就会构成事故。在多数情况下，企业因管理不善、工人缺乏教育和训练或者机械设备缺乏维护、检修以及安全装置不完备，会导致人的不安全行为或物的不安全状态。若设法排除机械设备或处理危险物质过程中的隐患或者消除人为失误和不安全行为，使两事件链连锁中断，则两系列运动轨迹不能相交，危险就不能出现，就可避免事故发生。据有关资料统计，多数安全事故的发生是由人的不安全行为引发的，因此，规范人的操作，减少人的不安全行为是生产企业安全管理的重点。

SOP 给作业人员提供了具体的操作标准，而这种标准又是经过长时间优化的一种优秀作业方法，因此，执行 SOP 可以很大程度上减少人的不安行为，从而减少和避免事故的发生。

与此同时，我国煤矿安全管理专家认为，煤矿生产系统中意外释放的能量是造成事故的内因；人、机、环、管中的不安全因素是导致能量意外释放并造成事故的外因，其中人的不安全行为、机的不安全状态、环境的不安全条件是直接原因，管理上的缺陷和技术上的不足是深层次的原因；内外因的综合作用，可能导致能量的意外释放，从而诱发事故。煤矿内外因事故致因理论模型如图3-1所示。

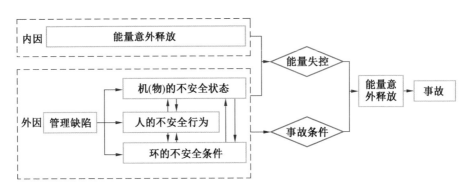

图 3-1　煤矿内外因事故致因理论模型

影响煤矿安全的因素有人、机、环、管，核心因素是人，人发挥主导作用，人的因素决定了机、物、环境之间的相互作用关系。事故致因理论模型表明人的不安全因素占主要地位。结合煤矿事故统计表分析可以看到，事故的发生固然存在设施、技术、管理上的不足，安全行为或人的直接操作行为不当是造成事故的直接原因。进一步分析可知，在实际生产中，造成安全隐患的主要原因是矿井没有制定统一标准的作业流程，作业内容不清晰、不规范。大多数工人在井下作业时都是以口头的方式传授和调整的，经过多次的传递后总会有一些偏离，而且每个人的表达方式和理解的差异会形成不同的操作，从而造成工艺波动，影响作业安全。

第三节　统筹方法理论

统筹是一种科学安排工作进程、优化办事效率的工作方法。统筹方法是一种安排工作进程的数学方法，它的适用范围极其广泛，在企业管理和基本建设中以及关系复杂的科研项目的组织与管理中，都可以应用。怎样应用呢？主要是把工序安排好。如想泡壶茶喝，没有开水，水壶要洗，茶壶、茶杯要洗，火已生了，茶叶也有了，怎么安排呢？

办法一：洗好水壶，灌上凉水，放在火上；在等待水开的时间里，洗茶壶、洗茶杯、拿茶叶；等水开了，泡茶喝。

办法二：先做好一些准备工作，洗水壶，洗茶壶茶杯，拿茶叶；一切就绪，灌水烧水；坐待水开了泡茶喝。

办法三：洗净水壶，灌上凉水，放在火上，坐待水开；水开了之后，急急忙忙找茶叶，洗茶壶茶杯，泡茶喝。

哪一种办法省时间？我们能一眼看出第一种办法好，后两种办法都窝了工。

这是小事，在煤矿井下工作中，往往就不是像泡茶喝这么简单了。任务多了，几百几千，关系多了，错综复杂，千头万绪，某一个环节出现了问题，就有可能造成安全事故。因此，标准作业流程的编制要引入系统思维和统筹方法的理论。

第四节　现代流程管理理论

一、APQC 流程框架

美国生产力与质量中心（American Productivity and Quality Center，APQC）创立于 1977 年，是一个会员制的非营利机构，在"业务对标、最佳实践和知识管理研究"领域享有国际盛誉，使命是"发现有效的改进方法，广泛地传播其发现成果，实现个人之间及其需要提升的知识领域之间的连接，从而帮助世界各地的组织达到生产力和质量的提升"。这家机构积累了大量的"流程与绩效改善资源"，并做了大量的分享推广工作。

流程架构是对"流程分类分级框架"（Process Classification Framework，

19

PCF）的简称，英文缩写为 PCF。PCF 最初是在 1991 年基于 APQC 为业务流程的分类方法提出的，目的是创建高水准、通用的公司模型，该模型可以鼓励企业和其他组织从跨行业的流程观点来审视其活动，而不是狭窄的部门化、职能化的观点。在 1992 年年末，APQC 发表了该框架的第一个版本，最新版本为 2017 年发布的 7.0 版本，典型的 PCF 框架和组成如图 3-2 所示。PCF 的设计为企业实现流程管理提供了重要的参考和借鉴，但由于行业及业务的不同，具体到某一企业还需要结合其实际情况进一步修改和完善。

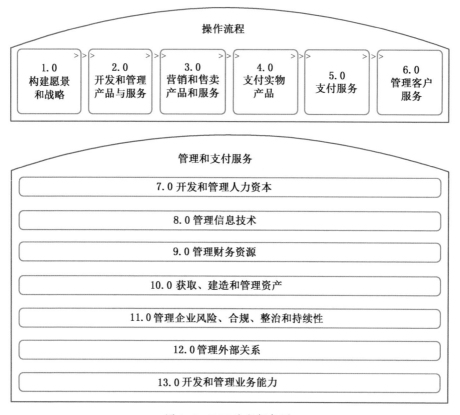

图 3-2　PCF 流程框架图

流程分级框架（PCF）作为高级别的、一般的企业模型或者分类法，给众多企业的流程管理提供了指导，重点为企业流程"完备性"提供一整套完整的框架模型，鼓励企业从跨越产业流程的视角而不是狭隘的功能视角来审视他们的行为。其优势体现在以下几个方面：

（1）帮助企业高层管理人员从流程角度统揽企业，从水平流程视角理解各项业务和管理，而不是垂直职能视角。

（2）从通用参考版本出发，和企业实际比照，有所取舍，快速形成一份企业自己的"流程花名册"。

（3）不同行业、不同企业有了沟通流程的"通用语言"。流程清单可以把各行业、各企业的管理模式从繁杂的专业术语突围出来，清晰简洁地呈现不同企业的流程异同，为跨行业、跨企业的管理经验交流提供了很大的方便。

二、BPR 流程再造

1990 年迈克尔·哈默在《哈佛商业评论》上发表了题为《再造：不是自动化改造而是推倒重来》（Renglneenllg work：don't automate，obliterate）的文章，文中提出的再造思想开创了一场新的管理革命。1993 年迈克尔·哈默和詹姆斯·钱皮在其著作《企业再造：企业革命的宣言）（Reengineering the Corporation；a Manifesto for Business Revoiution）一书中，首次提出了业务流程再造（BPR：Business Process Reengineering）概念，并将其定义为：对企业业务流程进行根本性的再思考和彻底性的再设计，以取得企业在成本、质量、服务和速度等衡量企业绩效的关键指标上取得显著性的进展。该定义包含了四个关键词，即"流程""根本性""彻底性""显著性"。

"流程"就是以从订单到交货或提供服务的一连串作业活动为着眼点，跨越不同职能和部门的分界线，以整体流程、整体优化的角度来考虑与分析问题，识别流程中的增值和非增值业务活动，剔除非增值活动，重新组合增值活动，优化作业过程，缩短交货周期。

"根本性"就是要突破原有的思维方式，打破固有的管理规范，以回归零点的新观念和思考方式，对现有流程与系统进行综合分析与统筹考虑，避免将思维局限于现有的作业流程、系统结构与知识框架中去，以取得目标流程设计的最优。

"彻底性"就是要在"根本性"思考的前提下，摆脱现有系统的束缚，对流程进行设计，从而获得管理思想的重大突破和管理方式的革命性变化。不是在以往基础上的修修补补，而是彻底性的变革，追求问题的根本解决。

"显著性"是指通过对流程的根本思考，找到限制企业整体绩效提高的各个环节和因素。通过彻底性的重新设计来降低成本、节约时间、增强企业竞争力，从而使得企业的管理方式与手段、企业的整体运作效果达到一个质的飞跃，体现高效益和高回报。

业务流程再造理论演进的新趋势主要表现为在与其他理论融合的同时纵向向上与战略融合由业务流程提升为战略流程，向下与信息技术融合成为电子商务，是 ERP 的前提与基础，横向与供应链及跨组织协助融合形成跨组织的业务流程再造，同时。也有显著的向流程管理发展的趋势。

尽管前人对 BPR 与其他管理思想进行了较多的比较研究，如企业资源计划（ERP）、供应链（SCM）、全面质量管理（TQM）、工业工程（IE）、标杆管理（Benchmarking）、知识管理（KM）、公司重构，业务流程改进（BPI）价值工程（VE），但其理论的主要演进趋势更主要地体现为与其他管理理论的融合和发展。

（1）与战略管理理论融合，由业务流程管理提升为战略流程管理。大大提升了流程在企业中的高度和影响力，根据文献资料的搜索结果，很少有关于战略流程的文献，但是已经有国外的咨询机构如毕博、Thomasgroup 等将其原来的业务流程再造提升为战略流程改善，因此，战略流程是一个值得探索的领域。

（2）向下与信息技术高度融合成为电子商务和 ERP 的前提与基础。信息技术在企业中的应用，主要是对业务流程的信息化，体现为企业业务协同层的电子商务和企业资源计划。

（3）与供应链融合进行跨公司流程再造，打破企业边界，整合企业间流程，打造超高效的公司。

（4）流程管理成为新的风向标。流程管理是一个比业务流程再造外延更大的概念，它不仅包含了业务流程再造的全部内容，还对业务流程再造理论进行了丰富和发展。国内比较有代表性的有由企业资源管理研究中心提出的认识流程、建立流程、优化流程、E 化流程、运作流程的流程管理提升方法论。

此外，也有学者认为有向高度集成、模块化、虚拟整合、联盟化、管理流程与业务流程一体化的趋势。

三、SOP 与业务流程的关系

从内容上看，业务流程是一系列结果的逻辑关联，是对全局性业务流转的描述。业务流程指引企业运作的基本流程和方向，主要告诉企业相关人员要去做什么，但不指导具体的业务操作。SOP 则是一系列过程的逻辑关联，它详细描述每个关键环节，并通过对每个关键动作的标准化消除每个人对关键环节的理解差异。SOP 主要告诉企业相关人员如何一步步去做，并保证期望结果的实现。

从结构上看，业务流程与 SOP 处于流程体系之内，都是企业流程框架的重要组成部分，业务流程一般处在企业流程框架的较高层，如企业的采购流程、生产流程以及战略规划等，而 SOP 一般处在流程框架的最底层，是整个流程框架体系的基础，是业务流程的落地及实施的具体方案和措施。业务流程和 SOP 对于不同性质企业的重要性并不相同，如生产、制造类企业的重点工作是现场操作，因此 SOP 就将发挥更重要的作用，而运营管理类企业重点是协调不同部门和机构之间的衔接和配合，而涉及具体的现场操作较少，因此业务流程的梳理和优化会更加重要。但两者之间的重要程度是根据企业发展需求而变化的，如当生产、制造类企业规模发展到一定程度，涉及上、下游产业，所属的分支机构众多，这时候也需要重视从业务流程的角度开展企业管理。

SOP 与业务流程的关系如图 3-3 所示。

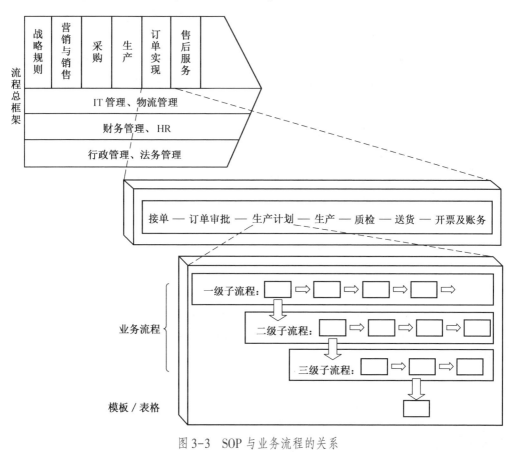

图 3-3　SOP 与业务流程的关系

第四章　煤矿标准作业流程（SOPCM）

第一节　SOPCM 研发历程

煤炭行业长期致力于解决现场人员规范作业的问题，借鉴 SOP 的理念思想和实践经验，结合煤炭行业现场管理现状和特点研发了煤矿标准作业流程（Standard Operation Procedure of Mine，SOPCM），为煤炭行业安全和现场管理提供了有效抓手。

SOP 能够有效解决煤矿现场管理的存在的问题，但仍应在已有成果的基础上进一步改进，新的煤矿岗位作业标准应该满足：既遵循规程、规范、标准、制度，又具有固定、统一、适用、先进的实操方法；既适应现代化大型煤矿，又满足传统的中小煤矿员工的操作方法；既能保持最优的操作，又能进行持续改进；既能用传统的方式学习，又能用现代化的手机、电脑等互联网终端在线、离线随时随地学习、考核、建议；既能遏制事故发生，又能提高生产效率，保障员工安全。因此，SOPCM 的研发经历了长期的努力和探索。

1. 前期探索

2011 年，为响应国家和行业的要求，神华集团提出了《神华集团公司关于促进煤炭生产安全健康可持续发展的指导意见》（以下简称《指导意见》）。《指导意见》提出了以推进标准化体系工程建设为主的"十大工程建设"的理念。

2012 年，神华集团正式立项启动神华煤矿标准作业流程项目，联合中国煤炭工业协会咨询中心研究编制覆盖煤矿各工种、各岗位、各项工作的煤矿标准作业流程。

2. 流程研发

2012 年 2 月，中国煤炭工业协会咨询中心开展了流程研发工作，调研了原神华各煤炭子分公司标准作业流程和业务管理亮点，同时对国内部分大型煤炭企业岗位标准作业方面进行了调研，并对收集的资料进行了分析、研究，在调研的基础上组织国内先进、国有重点煤炭企业权威专家200余人次就流程内容、编制、实施思路等进行了反复研讨，确定了标准作业流程研究目录，对每个流程的名称都进行了仔细的研究，对流程框架进行了重点讨论，保证结构层级清晰、易读、易用，同时以各类规程、规范、标准为依据研发和设计了流程表单与流程图。

3. 流程编制

2013年2月，在前期研发的基础上，中国煤炭工业协会咨询中心与神华集团一线技术骨干开始了神华煤矿标准作业流程的编制工作。2013年5月，最终编制了神华煤矿标准作业流程（一期），共计1668项，覆盖了井工、露天、洗选三大专业。

4. 流程试行

2013年6月，随着流程研究成果的推广，神华集团下属矿厂纷纷开展了流程应用推广工作，广大一线员工对一期编制的流程进行了试用，现场试用后提出了宝贵意见和建议。2013年11月，根据一线员工意见再次对流程进行了修订，保证流程是"写我所干，干我所写"。

5. 成果鉴定

2013年12月26日，中国煤炭工业协会对煤矿标准作业流程进行了鉴定（图4-1a），经鉴定"该成果在煤矿流程化管理方面达到了国际领先水平"。随即煤炭工业协会组织流程成果发布暨行业推广会（图4-1b），来自煤炭行业的29家企业代表共170余人参加了会议，交流、探讨了煤矿岗位标准作业管理经验。

(a)　　　　　　　　　　　　　(b)

图4-1　煤矿标准作业流程鉴定及成果推广现场

6. 推广应用

2014 年 5 月，《神华煤矿（选煤厂）岗位标准作业流程》正式发布并在全行业进行了推广。神华集团先后在 2015 年 10 月、2016 年 3 月组织了推进现场会和视频会，将研究成果在集团进行推广应用。

2014 年，中国煤炭工业协会咨询中心完成了国家标准化管理委员会下发的《煤矿（选煤厂）标准作业流程编制方法》的编制、审查、征求意见和报批工作。6 月，国家安全生产监督管理总局、国家煤矿安全监察局发布《关于下达 2014 年煤炭行业标准制修订项目计划的通知》（安监总煤装〔2014〕51 号），将煤矿（选煤厂）岗位标准作业流程编制方法列入煤炭行业标准制修订项目计划（图4-2），流程编制有了标准。

2016 年，国家安全生产监督管理总局、国家煤矿安全监察局印发《关于减少井下作业人数提升煤矿安全保障能力的指导意见》，要求全行业推行岗位标准化作业流程。

7. 二期项目启动

2014 年以来流程编制依据的国家及行业的部分规程规范，如《煤矿安全规程》等相继修订，为保证流程与新标准、新规程、新规范、新制度的一致性，同时更加突出与安全的融合和管控，2016 年 1 月，神华集团明确提出"将岗位标准作业流程与风险管控系统有机融合，不断提高风险管控水平"的要求；同时，对运行过程中发现的存在高风险的岗位、检修作业、应急处置和管理岗位等方面的流程进行增补和完善，以满足煤矿现场的安全需要。鉴于以上原因，2016 年 1 月，中国煤炭工业协会咨询中心开展了"煤矿标准作业流程（二期）"研究工作。

8. 新版流程编制

2016 年 10 月，中国煤炭工业协会咨询中心开展了新版流程修编工作，调动了行业审定专家 200 余人，分神东、准能两个片区。中心认真梳理各类反馈意见（一期流程）6400 余条，增补流程意见 1151 条，同时对集团风险管控体系数据库中的 50000 余条危险源进行了梳理、研究和融合，形成了新版煤矿标准作业流程。

9. 新版流程试行

2017 年 1 月，新版流程在神华集团下属厂矿试运行，充分征求基层单位使用意见和建议，历时 3 个月，共征集反馈意见 4439 条，不仅有修改、完善意见，也提出了新增流程的意见，为新版流程的进一步完善提供了重要支撑。

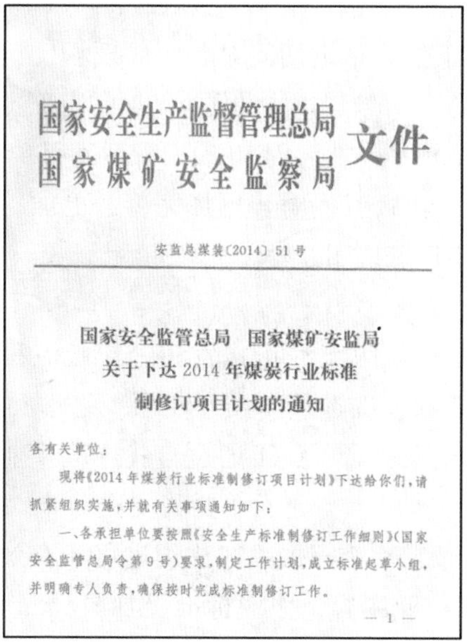

国家安全生产监督管理总局
国家煤矿安全监察局　文件

安监总煤装〔2014〕51号

国家安全监管总局　国家煤矿安监局
关于下达2014年煤炭行业标准
制修订项目计划的通知

各有关单位：

现将《2014年煤炭行业标准制修订项目计划》下达给你们，请抓紧组织实施，并就有关事项通知如下：

一、各承担单位要按照《安全生产标准制修订工作细则》（国家安全监管总局令第9号）要求，制定工作计划，成立标准起草小组，并明确专人负责，确保按时完成标准制修订工作。

— 1 —

(a)

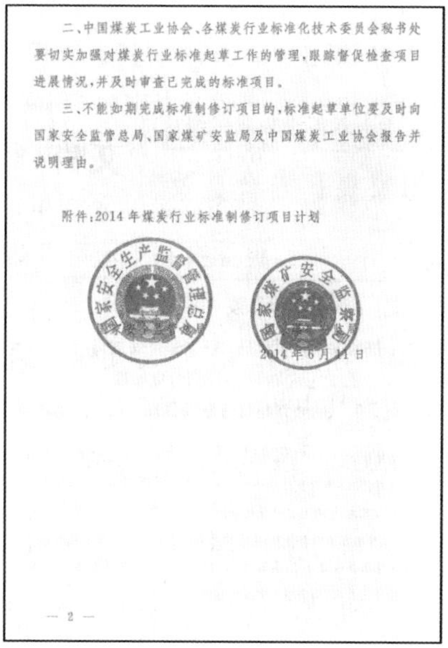

二、中国煤炭工业协会、各煤炭行业标准化技术委员会秘书处要切实加强对煤炭行业标准起草工作的管理，跟踪督促检查项目进展情况，并及时审查已完成的标准项目。

三、不能如期完成标准制修订项目的，标准起草单位要及时向国家安全监管总局、国家煤矿安监局及中国煤炭工业协会报告并说明理由。

附件：2014年煤炭行业标准制修订项目计划

2014年6月11日

— 2 —

(b)

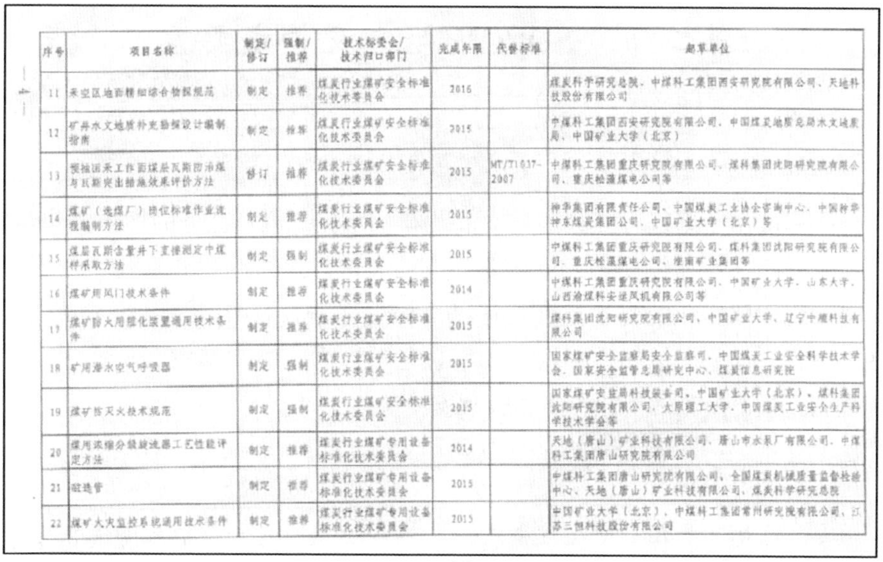

序号	项目名称	制定/修订	强制/推荐	技术标委会/技术归口部门	完成年限	代替标准	起草单位
11	采空区地面精细综合物探规范	制定	推荐	煤炭行业煤矿安全标准化技术委员会	2016		煤炭科学研究总院、中煤科工集团西安研究院有限公司、天地科技股份有限公司
12	矿井水文地质补充勘探设计编制指南	制定	推荐	煤炭行业煤矿安全标准化技术委员会	2015		中煤科工集团西安研究院有限公司、中国煤炭地质总局水文地质局、中国矿业大学（北京）
13	预抽回采工作面煤层瓦斯防治煤与瓦斯突出措施效果评价方法	修订	推荐	煤炭行业煤矿安全标准化技术委员会	2015	MT/T1037-2007	中煤科工集团重庆研究院有限公司、煤科集团沈阳研究院有限公司、重庆松藻煤电公司等
14	煤矿（选煤厂）岗位标准作业流程编制方法	制定	推荐	煤炭行业煤矿安全标准化技术委员会	2015		神华集团有限责任公司、中国煤炭工业协会咨询中心、中国神华神东煤炭集团公司、中国矿业大学（北京）等
15	煤层瓦斯含量井下直接测定中煤样采取方法	制定	强制	煤炭行业煤矿安全标准化技术委员会	2015		中煤科工集团重庆研究院有限公司、煤科集团沈阳研究院有限公司、重庆松藻煤电公司、淮南矿业集团等
16	煤矿用风门技术条件	制定	推荐	煤炭行业煤矿安全标准化技术委员会	2014		中煤科工集团重庆研究院有限公司、中国矿业大学、山东大学、山西渝煤科安运风机有限公司等
17	煤矿防火用阻化装置通用技术条件	制定	推荐	煤炭行业煤矿安全标准化技术委员会	2015		煤科集团沈阳研究院有限公司、中国矿业大学、辽宁中煤科技有限公司
18	矿用潜水空气呼吸器	制定	强制	煤炭行业煤矿安全标准化技术委员会	2015		国家煤矿安全监察局安全监察司、中国煤炭工业安全科学技术学会、国家安全监管总局研究中心、煤炭信息研究院
19	煤矿防灭火技术规范	制定	强制	煤炭行业煤矿安全标准化技术委员会	2015		国家煤矿安监局科技装备司、中国矿业大学（北京）、煤科集团沈阳研究院有限公司、太原理工大学、中国煤炭工业安全生产科学技术学会等
20	煤用浓缩分级旋流器工艺性能评定方法	制定	推荐	煤炭行业煤矿专用设备标准化技术委员会	2014		天地（唐山）矿业科技有限公司、唐山市水泵厂有限公司、中煤科工集团唐山研究院有限公司
21	磁选管	制定	推荐	煤炭行业煤矿专用设备标准化技术委员会	2015		中煤科工集团唐山研究院有限公司、全国煤炭机械质量监督检验中心、天地（唐山）矿业科技有限公司、煤炭科学研究总院
22	煤矿火灾监控系统通用技术条件	制定	推荐	煤炭行业煤矿专用设备标准化技术委员会	2015		中国矿业大学（北京）、中煤科工集团常州研究院有限公司、江苏三恒科技股份有限公司

(c)

图4-2　国家安全生产监督管理总局、国家煤矿安全监察局关于下达2014年煤炭行业标准制修订项目计划的通知

10. 新版流程审定

2017 年 5 月，开展了新版流程的审定工作。审定期间对各厂矿现场反馈的意见逐条进行了梳理、审定，为确保全覆盖，对未提出意见的 1424 项流程也进行了逐一审定。同时，根据基层需求，新增标准作业流程 10 项，管理流程 9 项，新融合危险源 213 条。通过流程审定工作，新版流程内容更加完善，更加符合现场使用需求，更加有利于流程在现场的推广和应用。

11. 新版流程发布

2017 年 7 月，在完成流程数据入库后，新版流程正式发布。新版流程共 2819 项，其中井工类 1577 项，露天类 737 项，洗选装车类 495 项，管理类 10 项。新版流程实现了流程与风险预控体系相互融合，员工通过自我规范作业行为来避免风险，安全管理变"被动"为"主动"，实现了"要我安全"向"我要安全"的转变。同时，新版流程与现行煤炭行业相关法律法规进行了有效结合，进一步优化了流程作业步骤，细化了作业内容，作业标准更加具体量化，危险源及风险提示更加全面。

第二节　SOPCM 概念及构成要素

一、定义

煤矿标准作业流程（SOPCM）是将煤矿岗位完成既定任务的标准操作步骤、要求以统一的格式加以描述，对作业环节的关键点进行细化和量化，用于指导和规范员工岗位作业的有序集合。它以流程管理理念为指引，以国家及煤炭行业各类规程、规范、标准为依据，以信息化平台为支撑，其核心是运用流程的管理理念，规范员工的作业行为，实现安全高效生产。

二、构成要素

煤矿岗位作业流程主要包括流程图、流程表单，其中，流程图表达了执行层面的工作过程和工序之间的衔接关系及逻辑顺序，流程表单是煤矿员工操作，表达了每个流程中各个工序的工作顺序和工作质量要求。

1. 流程图

流程图是对某一个问题的定义、分析或解法的图形表示。它以图例的形式直观表现出一个具体作业的主要步骤、作业人员、相关制度及作业表单，重点在于展示流程步骤之间的串行、并行、反馈与触发条件等逻辑关系。流程图将每个工作内容和工作节点有序的衔接，从而形成统一质量的标准系统工作程序。以超前支护为例，其标准作业流程如图4-3所示。

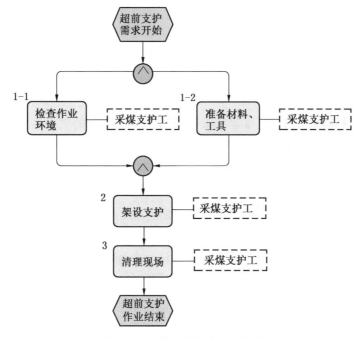

图4-3 超前支护标准作业流程

2. 流程表单

流程表单主要用于梳理作业流程相关内容，为绘制流程图提供依据，包含一个具体作业流程的步骤、作业内容、作业标准、相关制度、作业表单、作业人员、危险源及风险后提示等内容的表格。

3. 术语解释

（1）事件步骤及逻辑关系。事件步骤是指将各事件发生的逻辑关系用相应的逻辑符号来描述。事件间的逻辑关系包括与、或、异或、同或等。SOPCM体系岗位作业涉及步骤较多，但有些步骤是不必要的。事件步骤的确定原则是对完成该项工作的重要性，影响作业的完成质量、进度和安全状况的就是事件的关键步骤。

（2）作业内容。作业内容是流程步骤工作内容的细化，是流程环节所在岗位授权范围内的工作责任，具体应说明执行岗位（部门）依据管理要求在该流程环节中需要履行的工作。SOPCM 体系作业内容的描述主要用于指导作业，并非作业的每一个具体的细节都要展示。所以，作业内容应体现关键性要素，是完成某一个事件的重要方面的描述。

（3）作业标准。作业标准是作业内容所遵循的技术、装备、工艺、质量及操作等要求，是流程环节岗位人员按规定应做出的标准行为活动（操作与控制工作）。SOPCM 体系作业标准应依据作业内容确定，是现场实践经验和技术标准的总结。

（4）相关制度。相关制度是作业执行过程中所依据的规范性文件，是流程和其他制度体系融合的重要接口，也是流程编制应当遵循的准则。SOPCM 体系依据的规程规范包括《煤矿安全规程》《选煤厂安全规程》《煤矿防治水细则》等。

（5）作业表单。作业表单是指煤矿规定的作业痕迹记录，如停送电工作票、交接班记录等。

（6）作业人员。作业人员是指参与煤矿某一作业流程步骤的、具有确定工种的作业人员。

（7）危险源与风险后果提示。风险提示是指根据经验判断，对流程各环节可能的风险点进行识别评估；针对已识别的风险点，评估已采取的控制措施及有效性，当剩余风险不可接受时，需制定新的控制措施即风险缓释方案。SOPCM 体系风险提示是作业中可能出现的风险，是安全管控在流程编制过程中的具体体现，主要为各岗位作业操作或检修过程中已识别的危险源信息。

第三节　SOPCM 流程体系概述

一、SOPCM 体系建设的必要性

根据煤矿岗位作业特点和 SOP 实现过程，要发挥 SOPCM 的作用，需要运用系统工程思维，整体进行考虑和规划，科学设计 SOPCM 体系，满足煤矿现场作业和管理需求。SOPCM 体系建设的必要性主要表现在以下几方面：

（1）SOPCM 体系应用环节和过程众多且相互之间有较强的逻辑关系。

SOPCM 的执行和应用涉及流程规划、编制、应用、管控、反馈、完善等多个环节，各环节之间有明确的逻辑关系，上一环节工作质量的好坏影响下一环节工作的开展，因此需要构建 SOPCM 体系，将各环节整体进行考虑和规划。

（2）SOPCM 体系所涵盖的作业内容繁多。以井工开采为例，采煤、掘进、机电、运输、通风、地测防治水等主要生产系统涉及的岗位就多达 300 个，各岗位又涉及数个作业，各作业同时还涉及众多设备、作业人员、步骤顺序以及各种安全和技术规范标准等，这些都是 SOPCM 要梳理和研究的对象，有必要进行系统的设计和构架，形成层级明确、分类规范的流程框架结构，为流程的编制和应用奠定良好基础。

（3）SOPCM 涉及的流程符号和逻辑关系众多。SOPCM 逻辑关系较一般 SOP 的"直线型"逻辑关系复杂，存在多种类型的逻辑关系判断且同一流程中可能并存多种逻辑关系，同时表单信息还涉及数据量巨大的安全提示信息，在流程图中不仅涵盖一般 SOP 所有的符号，还要考虑作业步骤之间众多的逻辑关系，有必要规划系统、科学的编制体系，统一编制原则、编制程序、图表绘制方法等，以满足流程成果统一性的要求，便于分享和学习。

（4）SOPCM 涉及的人员和机构众多。SOPCM 的使用对象是众多的煤矿和选煤厂，涉及岗位、工种、人员众多，少则上千人，多则数万乃至数十万人，要实现 SOPCM 的高效推广和应用，有必要构建一套完整的 SOPCM 的管控体系，统一管控原则、管控制度，明确管控职责，以满足 SOPCM 管控需求。

（5）SOPCM 信息化需求。SOPCM 信息化体系需要将巨大的资源数据库进行管理整合，将流程的编制、审查、发布、学习、培训、反馈及优化等各个环节系统化、规范化、数字化，将其纳入统一的信息平台中，有必要开发一套流程信息系统，以降低成本投入，加快技术进步，增强核心竞争力。

二、SOPCM 体系设计原则

1. 遵循系统工程设计原则

SOPCM 体系涉及应遵循系统工程设计理念，将其涉及的组成要素、组织结构、信息流、管控机构等进行分析研究，同时运用组织管理技术，使 SOPCM 体系的整体与局部之间以及局部与局部之间的关系协调、相互配合，实现 SOPCM 总体的最优运行。

系统工程的全部进程分为规划、设计、研制、生产、安装、运行和更新 7 个依次循进的阶段，按照系统工程设计思路，结合流程特点，SOPCM 体系进程应包括流程规划、编制、试运行、反馈优化以及执行等环节，根据煤矿现场生产特点，任何体系的落地和实施必须配合有效的管控，因此 SOPCM 体系进程还应增加管控内容。同时按照流程应用习惯，编制、试运行以及反馈优化这 3 个环节均是对流程本身内容的优化和完善，在编制环节都将依次实施，可以将这 3 个进程合并，因此 SOPCM 体系应包括规划层、编织层、管控层以及执行层 4 个层面内容。

2. 遵循 PDCA 循环原则

SOPCM 从本质上来说是一种特殊的 SOP，因此 SOPCM 体系设计也应遵循流程理念，如流程的 PDCA 循环原则，SOPCM 并非一成不变，也不是能够一次到位的，需要在实践中不断优化和完善，PDCA 循环的原则不仅体现在流程编制的过程中，更应该体现在流程的执行过程中，因此在 SOPCM 体系应当设计成闭环体系，以实现 PDCA 循环。同时还应充分借鉴和利用 SOP 已有的成果，如程规划方法、流程梳理方法、流程图绘制工具、流程数据库管理软件等，以此实现 SOPCM 体系的快速发展和成熟。

3. 遵循信息化理原则

信息化是将现代信息技术与先进的管理理念相融合，转变企业生产方式、经营方式、传统管理方式和组织方式，整合企业内外部资源，提高企业效率和效益、增强企业竞争力的过程。因此，为提高 SOPCM 的运行效率，充分利用互联网技术，同时考虑与企业其他信息化管理系统衔接，SOPCM 体系设计和应用时应当遵循信息化原则。要实现 SOPCM 体系的信息化管理，其精髓在于信息集成，其核心要素是数据平台的建设和数据挖掘，通过信息管理系统把 SOPCM 的规划、设计、编制、培训、学习、执行、反馈等各个环节集成起来，共享信息和资源，同时利用现代技术手段提高 SOPCM 体系运行速度，达到快速应用的目的。

4. 遵循实时更新原则

应用 SOPCM 体系的主要目的是规范员工作业行为、提高生产效率，使员工"上标准岗、干标准活"，降低不安全行为发生频次，切实提升劳动效率，为创建世界一流示范企业提供坚实基础。然而煤矿生产领域环境复杂，开采条件千变万化，随着开采技术的不断进步和新工艺的不断出现，对 SOPCM 体系内容也提出了新的挑战。因此，SOPCM 体系需要根据生产领域的实际情况及时更新，补充新的内容，以适合新的环境，充分发挥其独特作用。

三、SOPCM 体系框架

SOPCM 体系设计的合理性关系流程编制的目标能否实现，决定流程持续的运行、优化和改进。SOPCM 体系设计的过程应该层级清晰、衔接紧密，避免产生结构性缺陷。对 SOPCM 的设计原则和关键因素分析后，利用结构化思维，从目标出发，分析现状，使复杂、庞大的体系变得简单有序、系统管理，形成稳定的体系架构。

SOPCM 体系分为 4 个层级，分别是规划层、编制层、管控层和执行层。

（1）规划层是进行目标的确定，为行动指明方向。同时，还须进行体系组织的建立和流程对象的主体明确。

（2）编制层是流程的编制程序，包括流程框架的设计、作业事件及其之间的逻辑关系、作业内容和作业标准等，编制体现了目标实现的核心过程。

（3）管控层是用集团内部制度设计和绩效考核等手段，实现流程运行的有效管控。

（4）执行层是流程具体在操作层面上的应用，是流程规划、编制和管控作用效果的具体体现。SOPCM 体系框架如图 4-3 所示。

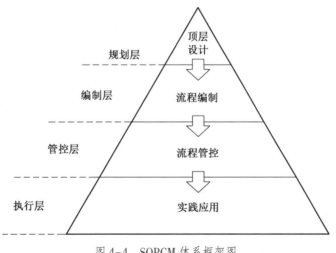

图 4-4　SOPCM 体系框架图

1. 规划层

规划层主要是流程的顶层设计，顶层设计是运用系统论的方法，从全局的角度，对某项任务或者某个项目的各方面、各层次、各要素统筹规划，以集中有效资源，高效快捷地实现目标。SOPCM 顶层设计包括目标的确定、范围的确定、层级划分以及管控理念等。

（1）目标。目标是活动的预期目的，为活动指明方向，这体现了顶层设计的顶层决定性。顶层设计是自高端向低端展开的设计方法，核心理念与目标都源自顶层，因此，顶层决定底层，高端决定低端。SOPCM 是用来指导和规范岗位作业的，其目标就是为生产一线的岗位制定标准化的作业行为规范。流程的规划、设计、实施和应用都是为实现这一目标而进行的工作。

（2）定位和范围。SOPCM 涉及的专业多、内容广，在实施的初期不可能将所有作业流程都进行梳理和应用，这就需要对 SOPCM 的定位和范围进行研究，从而明确需要编制哪些流程。一般而言，在流程实施初期，人们更多关注煤炭生产中的重点环节以及各环节中涉及安全和效率的重点流程，同时定位和范围也为人们确定工作量、开展下一步工作奠定基础。

（3）分类分级。在确定流程的定位和范围之后，就需要对已有的流程进行层级划分，这也是流程规划中的重要思想方法之一，流程分类分级的结果是形成流程框架，这对于人们理解和掌握流程体系内容有重要作用。对 SOPCM 而言，流程分类分级是在作业层面进行的，这与业务流程的分类分级有较大差别，SOPCM 的分类分级原则更细并且与煤矿的专业划分和习惯用法等密切相关。

（4）理念和思路。规划层是 SOPCM 体系的纲领性内容，应包括整体的理念和思路，如编制理念、管控理念以及执行理念等，在规划初始阶段就应当对后续可能涉及全局的问题进行思考并提出针对性的思路，为后续环节的实施提供指引。

2. 编制层

编制层主要工作是流程的编制，是流程从构想到实现的第一步，流程编制质量的高低会影响后续流程的落地和执行。流程编制工作量往往比较大，一般作为单独的项目实施和管理。流程编制工作主要包括项目组织、编写、试用反馈以及流程审定等工作。

（1）项目组织。中国煤炭工业协会咨询中心联合神华集团一线技术骨干、行业权威专家、技能大师等，开展了煤矿标准作业流程的编制工作。编制了详细的方案、进行了顶层设计，明确了项目管控，为后续开展工作做准备。

（2）编写。项目组通过召开专题研讨会、调研等形式，研究讨论了项目定位、研究目标、研究方法与思路，确定了标准作业流程目录，并以各类规程、规范、标准为依据，最终形成了流程基础表单与流程图，以业务流程管理软件（Architecture of Integrated Information System，ARIS）为平台，实现了煤矿各岗位标准作业流程的信息化。覆盖煤矿（选煤厂）各工种、各岗位、各项工作的标准作业流程和标准作业工单，为员工"上标准岗、干标准活"提供依据。

（3）试用反馈。煤矿岗位作业流程融合了生产现场人、机、环、管主要因素，为煤矿安全生产管理提供了抓手，得到了管理者和一线员工的高度认可。同时，经行业专家鉴定煤矿作业流程化管理方面达到了国际领先水平，值得在全行业推广。《煤矿（选煤厂）岗位标准作业流程编制方法》行业标准的编制，指导煤矿标准作业流程在煤炭行业、神华各子分公司的推广应用，为煤炭企业安全、高效、可持续发展做出了突出贡献。

（4）流程审定。2017年5月，开展了新版流程审定工作，对岗位作业人员、班组提出的问题进行多级会审，保证合规性、安全的前提下，进一步修改和完善。通过流程审定工作，新版流程内容更加完善，更加符合现场使用需求，更加有利于流程在现场的推广和应用。同时，严格遵循PDCA原则，制定了流程各级审定、修改程序，以便后续优化、打通技术路线。

3. 管控层

SOPCM体系运行的核心内容是管控评估，管控评估主要从制度保障、绩效考核、持续优化、内部评价、外部评价五个方面开展（图4-5）。

（1）组织机构。组织机构是SOPCM体系运转是否高效的保证。成立SOPCM体系组织机构，明确SOPCM体系运行的管理领导权限并进行的分工，对SOPCM体系运行中出现的各种问题进行处理。这样，SOPCM体系的执行才有时间效应，在有限的时间内保质保量地完成流程各项环节。

（2）管控制度。SOPCM虽属于流程管理的一部分，但本质上是一种工具，其能否顺利推广和实施与是否制定强有力的管控制度密切相关，尤其是在流程试行初期，员工避免不了产生抵触情绪，必须制定合理的管控制度。管控制度应由公司统一制定，确保其权威性，同时结合流程推行情况，采取奖惩结合的方式，从制度层面提高SOPCM的运行效率。

（3）管控模式。管控模式主要是确定SOPCM体系运行过程中从上到下各级

图 4-5　SOPCM 体系管控评估

单位的责任、权利、利益以及资源等的分配边界。管控模式合理与否对 SOPCM 的正常运行有重要影响，因此必须构建科学的管控模式，最大程度发挥各级单位的优势和积极性。

（4）绩效考核。绩效考核是根据各项既定考核指标定期对作业完成情况进行考核。SOPCM 体系流程应用单位将流程考核与绩效挂钩，明确流程考核结果占整体绩效的比例，有利于督促各单位对流程的执行力度，提高对流程运行的重视程度。以此检验流程的投入产出比是否适当、绩效管理手段是否切实有效、激励奖惩是否合适，确保关键流程运作达标，保证有效产出。

（5）持续优化。持续优化是指 SOPCM 体系流程的运行过程和环境条件、生产实践的改变相结合的过程，随着环境条件和生产实际情况的改变而变化。流程的增补、修订等工作是流程管控的关键环节，是流程和生产实践相结合的重要途径。流程运行中出现的问题需要不断的优化和改善，对流程的增加、补充和修订工作及和风险预控管理体系的融合都是需要持续优化的。

（6）内部评价。内部评价是由企业内部在 SOPCM 体系运行过程中，组织专业技术人员和流程管理人员对流程质量进行把关。

（7）外部评价。SOPCM 体系往往涉及行业推广，所以，在流程的制定过程中，必须结合行业规范，使流程具有普遍适用性。外部评价由权威机构、行业专家和其他企业的流程专家进行专业的评审，作为行业推广应用的依据。

4. 执行层

SOPCM 体系在生产现场的实现形式是流程是否落地、最终目标能否实现的关键。就煤炭企业而言，流程的使用者是岗位操作工，目的是指导和规范岗位作业。流程执行应用的关键性因素有信息化平台建设、学习形式和岗位实践的结合、执行流程的细化。

（1）信息化平台建设。信息化平台可以集成流程的所有内容并可实现流程发布、审核、录入、考核等功能，是流程在现场落地的基础工具。建立标准作业流程管理系统，充分利用集团现有的信息系统，遵循集团信息一体化各项标准，与集团本安管理、制度管理、技能操作评价等信息化系统实现了信息集成。

（2）学习形式。充分发挥现代电子产品的优势，通过 PC 终端和个人终端进行学习。学习方式采用集中培训、班前学习、定期考试、技能比武等形式。发挥项目参编人员的种子作用，通过组织班前会 3 分钟讲坛、班组长讲解、组织考试、举办知识竞赛、开展月度推广例会、专项检查、流程对标、有奖征文活动、制作流程图解看板、拍摄典型视频等形式，对流程进行全员培训、学习，提高员工学习积极性和主动性，实现由被动接受向自主学习的转变。

（3）和岗位实践相结合。流程的最终目的是指导和规范岗位作业。煤矿作业过程往往受环境条件限制，流程的执行过程会出现偏差或出现无法执行。因此，需要以标准流程为指导和原则，对流程不断优化和改进，不断和实践相结合。区队、班组是流程应用的主体和关键，只有他们把握住流程的内涵与实质，才能使流程与实践紧密结合。如各矿组织的宣传工作深入区队，确保各岗位作

图 4-6　SOPCM 体系的实践应用

业人员掌握本岗位流程；区队班组开展流程技术比武；重要操作、检修流程置于设备或悬挂在作业点，把标准作业流程与技能实践相结合。

（4）执行流程的细化。流程的应用主要针对各岗位作业工序和主要内容进行约束，而由于岗位作业环境和设备的差异，需要将流程不断细化，使流程的可操作性更强。各单位把流程与生产实际相结合，不断查找问题和缺陷，随时提出改进意见和补充建议，还持续地组织参与流程编制的专家和技术人员，对流程进行阶段性修订和补充完善，不断优化内容，最大限度地贴近实际工作需求，使流程永葆先进性和适用性。另外，执行单位还需构建流程学习-应用-改进-反馈-修订-发布-再学习-再应用的持续改进循环机制（图4-6）。

第四节 SOPCM 顶层设计

一、SOPCM 定位和范围

煤炭价值链可概括为煤炭生产→煤炭洗选加工→煤炭外运→煤炭销售，SOPCM 的定位和范围要根据实际的价值链来确定。依据煤炭企业价值链分析，结合对基本生产价值链和辅助生产价值链的分析可以发现，煤炭企业主要产生价值的环节是煤炭生产和煤炭洗选加工，对应核心业务单位为矿井和洗选中心。矿井和洗选中心以一线现场的操作人员为主，定位为矿井和洗选中心的操作层，不涉及管理层，范围为煤炭企业各个矿井和洗选中心的各个操作岗位。

二、流程梳理

流程梳理是整个流程体系研发的基础，其主要作用体现在：一是能够对整体的工作量有较为直观的把握，流程梳理的结果是形成 SOPCM 目录和框架，为下一阶段的流程编制以及执行应用等环节的工作安排提供参考；二是有利于区分流程的重要度，流程梳理过程中可以根据作业频率、作业难度以及作业安全性等标准对流程进行重要度评估，为下一步工作规划提供依据，例如根据流程重要度分期进行流程编制或者提出不同的编制要求等。

三、编制理念

流程梳理和分类分级完成后，下一步就要进入流程的编制了，在流程编制前充分调研讨论，形成流程编制的理念。下面介绍几个流程编制的基本理念：

（1）充分利用已有成果。流程编制应充分利用已有成果，如岗位职责、岗位操作法、风险预控、危险源辨识以及事故案例等资料，这些资料通过岗位分析和风险分析已形成了初步成果，像风险预控体系，甚至其形式与流程都有一定相似度，是编制流程的重要依据和参考，在流程编制前应进行系统梳理。充分利用已有成果可减少工作量。

（2）借鉴成熟流程方法和工具。经过多年发展，流程管理已经形成了一些成熟的方法，如"5W1H"结构化分析法、经验总结法、目标管理法、ECRS优化法等，这些方法在SOPCM编制过程中都可以借鉴。同时也出现了一些优秀的编制工具，如ARIS、VISIO等软件，具有操作简单、培训资料系统、管理便捷等优点，员工经短期培训即可上手，缩短了SOPCM的编制时间。

（3）全体员工广泛参与。SOPCM对现场员工来说还是新事物，对其理念和方法的理解、消化和吸收需要一段时间，同时SOPCM编制完成后需要进行全员推广和应用，员工越早介入，对之后的推行越有利，同时全员广泛参与也可以发挥广大员工的智慧。因此SOPCM的编制不是某一个或某几个部门的事情，需要全员参与。

（4）依靠内外部力量。SOPCM的核心在于其作业步骤和作业标准的规范性、科学性，要保障编制质量，除了依靠内部经验丰富的技术人员外，还应广泛发动和依靠外部专家力量对其核心内容进行把关和研讨，吸收外部单位好的经验和做法，使SOPCM在初始阶段尽可能相对完善。

（5）先试行后完善。SOPCM并非一蹴而就，需要在实践中不断检验、反馈、修改和完善，这也是流程PDCA循环的基本原则。在形成SOPCM初步成果后，应首先进行试运行，将流程放到现场去检验，根据现场员工的反馈意见对流程再次进行修改和完善，以提高流程质量。

（6）培养一批流程人才。SOPCM的编制既是一项工作也是一次培训，在编制过程中通过对编制方法的实践和应用，使员工初步掌握SOPCM的编制方法，通过对共性问题的探讨，加深对编制方法、程序以及标准的理解和掌握，在完成流程编制后培养一批流程人才，为后续流程推广和应用提供支撑。

四、管控理念

管控理念主要有以下几种：

（1）"一把手"工程。SOPCM 的落地和推广离不开核心领导的重视和推动，只有核心领导真正理解 SOPCM 的重要意义，调动企业资源大力支持，才能发挥 SOPCM 的价值和作用。

（2）充分利用现有管控机构。SOPCM 虽然是流程管理的一部分，但只涉及作业层面，并未涉及管理层面。SOPCM 的管控应在企业现有管控机构的基础上开展，充分利用已有的管控方法和经验。

（3）先激励再考核。考核一直是煤矿企业的重要管理手段，但 SOPCM 作为一个新事物，在初始管控阶段，不宜采用严苛的考核，应以激励为主，以提高员工的积极性，避免出现抵触情绪，在 SOPCM 应用逐渐成熟之后，再适当提高考核标准，最大限度发挥管控手段对 SOPCM 的推动作用。

（4）制度化和常态化管控。任何事物要长期发展和运行都离不开管理制度，SOPCM 要在企业长期实施，就必须制定管理制度，发挥制度的权威性，同时要进行常态化管控，让 SOPCM 逐渐成为员工习惯，形成企业文化，以达到规范员工行为的目的。

（5）闭环管控。结合流程的实施步骤和"PDCA"循环理论的基础，SOPCM 采用闭环管理模式，即通过"宣贯培训→现场应用→发现问题→流程改进"的不断循环，逐步提升流程应用水平，真正发挥流程指导安全生产的作用。同时，流程以组织、制度、技术为保障，通过煤矿标准作业流程系统实现流程的编、审、发、学、用、评闭环管理平台，实现流程、人、岗匹配，支撑流程细化、便捷学习、执行落地，实现作业经验和技术共享，缩短员工技能成熟时间，保障作业安全。

（6）与已有管控手段融合。煤矿标准作业流程在实际运用过程中并不是孤立进行的，而是根据流程本身的特点，分析其他体系的结构，将煤矿标准作业流程与风险预控管理体系、煤矿安全生产标准化管理体系、班组建设、精益化管理、全面劳动定额、内部市场化等相融合，在流程对应的每个步骤内关联相应的危险源、事故案例等。其他体系在运行的过程中，以标准作业流程为主线，分步骤、分内容对照表单内的相关信息进行内容融合、管理融合、理念融合，两两纵横融合、上下贯通，形成统一的整体，达到"1+1≥2"的效果。

（7）充分利用信息化工具。信息化工具和信息化管理能够实现资源和数据的集中，提高沟通和运行效率，SOPCM 的管控也应当充分利用信息化工具，实现流程资源共享和便捷管理。

第五节　SOPCM 的创新性和意义

一、创新性

煤矿标准作业流程填补了煤炭行业流程管理的空白，较传统的作业规程和操作规程更有系统性、便捷性、直观性，是各类规程、规范在作业层面的有效落地。流程的创新性体现在以下方面：

（1）流程首次在煤矿作业层面引入国际先进的"流程化管理"理念，结合煤矿（选煤厂）生产实际，对煤矿（选煤厂）主要岗位的作业进行标准化，对煤炭安全、高效生产具有指导意义。

（2）流程以煤矿安全规程、操作规程、作业规程等为依据，融合了煤矿安全生产标准化与煤矿安全风险预控管理体系成果，可操作性强，满足了煤矿作业安全、高效、精细管理的需要。

（3）流程研发了适合于煤矿的标准作业流程编制、管理、应用的信息化平台，建立了我国首个煤矿标准作业流程数据库，实现了数据的分类、集中、统一化管理，使标准作业流程易于查找、易于浏览、易于学习、易于修改、易于输出，为煤矿安全生产管理提供了科学手段。

二、意义

1. 推广 SOPCM 符合政策要求

十九大以来，习近平总书记对安全生产作了一系列重要论述和指示，为新时期安全生产工作提供了重要指导方针，也进一步扩充了安全生产的内涵。

2019 年 3 月，习近平对江苏响水天嘉宜化工有限公司"3·21"爆炸事故做出重要指示，他强调"各地和有关部门要深刻吸取教训，加强安全隐患排查，严格落实安全生产责任制，坚决防范重特大事故发生，确保人民群众生命和财产安全"。

2020 年 4 月，习近平对安全生产做出重要指示时强调，"当前，全国正在复工复产，要加强安全生产监管，分区分类加强安全监管执法，强化企业主体责任落实，牢牢守住安全生产底线，切实维护人民群众生命财产安全"。他同时强调，"生命重于泰山。各级党委和政府务必把安全生产摆到重要位置，树牢安全发展理念，绝不能只重发展不顾安全，更不能将其视作无关痛痒的事，搞形式主义、官僚主义。要针对安全生产事故主要特点和突出问题，层层压实责任，狠抓整改落实，强化风险防控，从根本上消除事故隐患，有效遏制重特大事故发生"。

习近平总书记关于安全生产的重要论述思想深邃、内涵丰富，系统回答了如何认识安全生产工作、如何做好安全生产工作等重大理论和现实问题，是安全生产经验教训的科学总结，是开展工作的根本遵循和行动指南。

为贯彻落实习近平总书记的有关安全生产的重要指示和精神，国家和地方各级煤矿安全管理部门发布了一系列规章、制度，从技术标准、安全管理等方面对煤矿的安全生产进行规范和指导，为煤矿现场安全生产提供了重要的参考和依据，在保障煤矿安全生产方面发挥了重要作用。从近年来国家有关的政策趋势来看，在继续强调煤矿安全生产这一核心理念之外，煤矿现场安全管理进一步细化，煤矿现场的规范化和标准化要求进一步提高。

煤矿标准作业流程作为煤炭行业近年来的一项优秀研究成果，汇集和提炼了广大员工优秀现场作业经验，理顺了现场作业潜在的逻辑关系，融合了煤矿现场辨识的大量危险源，在实现员工安全作业的前提下，能够有效指导和规范现场员工作业。随着煤矿现场安全管理理念的转变和管理要求的提高，煤矿标准作业流程被逐渐纳入行业安全管理体系。

2014年，国家安全生产监督管理总局、国家煤矿安全监察局发布《关于下达2014年煤炭行业标准制修订项目计划的通知》（安监总煤装〔2014〕51号）批准制定煤矿标准作业流程编制方法这一行业标准，用以指导煤炭企业编制和应用流程。

2016年6月，国家安全生产监督管理总局、国家煤矿安全监察局印发《〈关于减少井下作业人数提升煤矿安全保障能力的指导意见〉的通知》（安监总煤行〔2016〕64号），在优化生产组织管理中，明确提出要推行标准化作业流程，首次将煤矿标准作业流程纳入到行业监督管理体系中。

2019年5月，山西省应急管理厅、山西省地方煤矿安全监督管理局印发《关于开展煤矿作业流程标准化试点工作的通知》（晋应急发〔2019〕160号），要求在山西全省推广煤矿标准作业流程，并确定了首批 27 家试点单位，是全国首个开展煤矿标准作业流程试点工作的省份。

2020 年 5 月，国家煤矿安全监察局印发《〈煤矿安全生产标准化管理体系考核定级办法（试行）〉 和〈煤矿安全生产标准化管理体系基本要求及评分方法（试行）〉 的通知》（煤安监行管〔2020〕16 号），将"上标准岗、干标准活，实现岗位作业流程标准化"作为评估工作的原则之一，首次将煤矿标准作业流程纳入到标准化评估管理工作中，扩大了煤矿标准作业流程的应用范围和在全国的影响力。

2. 研发 SOPCM 是安全生产的需要

工业生产中涉及的设备较多，作业环境往往比较复杂，相对而言存在较多的危险源，尤其是在煤矿生产中，地质条件更加复杂多变，作业中接触的多数是大功率、高强度、高危险性的重型设备，很容易引发安全事故。

煤矿安全事故的发生大多都与缺少岗位标准作业流程造成作业步骤和环节缺失，或者没有明确的作业内容和作业标准引发误操作有关，因此开展煤矿标准作业流程能够有效解决现场作业缺少规范和指导的问题，从而保障安全生产。

3. 研发 SOPCM 是安全管理体系的补充

煤矿标准作业流程填补了现场员工作业层面操作规范性、标准化、定量管理这一空白，是煤矿安全生产管理体系的有效补充。

以煤矿风险预控管理体系为例，它是将包含作业安全控制在内所有与安全生产要素相关的一个有机整体，其以各安全要素为研究对象，梳理和评估生产中存在的危险源和安全风险，从避免和消除危险源的角度开展相关工作，但对于如何消除危险源或者如何规范操作规避操作风险却没有详细说明。煤矿标准作业流程的研发恰好补充了煤矿安全风险预控管理体系所欠缺的内容，在《煤矿安全风险预控管理系统规范》（AQ/T 1093—2011）标准中也明确规定"在员工不安全行为识别与梳理的基础上，煤矿应制定员工岗位规范，明确各岗位工作任务、规定各岗位所需个人防护用品和工器具、明确各岗位安全管理职责及安全行为标准"。

再以煤矿安全生产标准化管理体系为例，它作为煤矿管理部分对煤矿考核定级的标准，强调的是煤矿内业资料、现场管理等是否达到所规定的标准，是对煤矿现场管理最终呈现出来状态的评价，而如何"达标"还需要通过煤矿标准作业流程这一工具实现。同样的，在其体系中也对建设煤矿标准作业流程提出了明确的要求。

由此可见，开展煤矿标准作业流程建设工作不仅是贯彻习近平总书记安全生产指示和精神的具体体现，也是有关政策的要求，同时也是煤矿现场安全管理的重要补充和提高煤矿现场安全管理水平的重要抓手，因此有必要在全国范围内开展煤矿标准作业流程建设工作。

第五章　SOPCM　的　原　理

第一节　SOPCM　的　安　全　本　质

影响煤矿安全的生产因素较多，主要有两方面：一是环境因素，包括煤层条件、埋藏深度、顶底板强度、地质构造、矿井水、瓦斯赋存等；二是人的因素，包括安全意识、技能水平、文化素质以及心理等，而从近些年我国煤矿事故原因来看，人的因素是造成煤矿事故发生的主要原因。在全国煤矿发生特大事故中，因人为冒险原因造成的重特大事故起数占当年发生的事故总起数的88.3%。表5-1为1980—2000年中国煤矿重大事故中的人为因素比率统计。

表5-1　中国煤矿重大事故中的人为因素比率统计表

事故原因	瓦斯爆炸	瓦斯突出	瓦斯中毒	煤尘爆炸	火灾	水灾	顶板	爆破	运输提升	机电	自身伤亡	其他	总计
事故违章/起	227	9	16	18	22	30	104	9	74	8	20	15	552
管理失误/起	153	28	44	6	12	110	118	12	13	12	9	23	540
设计缺陷/起	16	1	3		5	16	13		28		1		83
人因总计/起	396	38	63	24	39	156	2335	21	115	20	30	38	1175
事故总计/起	410	43	64	24	40	157	239	21	115	20	31	39	1203
违章比例/%	55.37	20.93	25.00	75.00	55.00	19.11	43.51	42.86	64.35	40.00	64.52	38.46	45.89

表 5-1（续）

事故原因	瓦斯爆炸	瓦斯突出	瓦斯中毒	煤尘爆炸	火灾	水灾	顶板	爆破	运输提升	机电	自身伤亡	其他	总计
失误比例/%	37.32	65.12	68.75	25.00	30.00	70.06	49.37	57.14	11.30	60.00	29.03	58.97	44.89
缺陷比例/%	3.90	2.33	4.69	0	12.50	10.19	5.44	0	24.35	0.00	3.23	0	6.90
人因比例/%	96.59	88.37	98.44	100.00	97.50	99.36	98.33	100.00	100.00	100.00	96.77	97.44	97.67

通过表 5-1 中数据统计分析可以看出：在所有导致煤矿重大事故的直接原因中，以人或人的行为为主导因素（包括故意违章、管理失误和设计缺陷三种）引发的事故所占比率实际上高达 97.67%，远远高于一般性水平的认识结果。虽然表 5-1 中数据统计的是 1980—2000 年中国煤矿重大事故中的人为因素比率，但是近些年随着科技的不断发展和标准作业流程的提出，煤矿开采设备越来越先进，管理制度越来越完善，但是具体落实到个人还存在一定的难度，人为因素仍是诱发煤矿事故发生的主导因素。

因此，要实现煤矿本质安全，关键还是在于控制人的不安全行为，同时通过确保生产流程中人、物、系统、制度等诸要素的安全可靠、和谐统一，各种危害因素始终处于受控制状态，进而逐步趋近本质型、恒久型安全目标。海因里希因果连锁论提出伤亡事故的发生不是一个孤立的事件，而是一系列原因事件相继发生的结果，即伤害与各原因相互之间具有连锁关系。该理论提出，事故因果连锁过程包括遗传及社会环境、人的缺点、人的不安全行为或物的不安全状态、事故以及伤害五种因素。这五种因素可以用 5 块多米诺骨牌来形象地加以描述，如果第一块骨牌倒下（即第一个原因出现），则发生连锁反应，后面的骨牌相继被碰倒（相继发生）。该理论认为，如果移去因果连锁中的任一块骨牌，则连锁被破坏，事故过程被中止。企业安全工作的中心就是要移去中间的骨牌—防止人的不安全行为或消除物的不安全状态，从而中断事故连锁的进程，避免伤害的发生。

结合海因里希因果连锁论，SOPCM 实现煤矿本质安全的原理如图 5-1 所示，SOPCM 通过指导和规范现场员工作业从而有效减少了人的不安全行为和因人的不安全行为而引起的机（物）的不安全状态，断开了引发事故的意外能量传递链条，从而避免事故发生，实现本质安全。

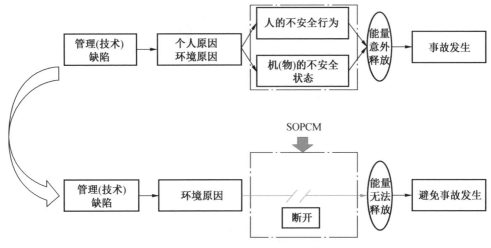

图 5-1　SOPCM 实现本质安全原理图

第二节　SOPCM 是智能化、无人化发展的基石

无人化的实现是基于对生产系统智能化的理解，是物联网、云计算、大数据、人工智能、自动控制、移动互联网、机器人装备等与现代矿山开发技术融合，形成矿山感知、互联、分析、自学习、预测、决策、控制的完整智能系统，实现矿井开拓、采掘、运通、洗选、安全保障、生态保护、生产管理等全过程无人化运行。无人化开采的实现途径可分为五个阶段（图 5-2）：第一阶段为标准化阶段；第二阶为段数字化阶段；第三阶段为自动化阶段；第四阶段为智能化阶段；第五阶段为无人化阶段。

要实现煤矿无人开采，首先需要对煤矿设备及作业进行标准化、程序化，而 SOPCM 提供了一套完整的思路和解决方案。SOPCM 规范了某一岗位具体作业的操作步骤和要求，明确了员工岗位作业内容，解决了企业"如何做"的问题，"无人化"从需求分析、技术研发到应用升级都离不开 SOPCM，SOPCM 与无人开采联系紧密。

（1）SOPCM 是无人化开采应用和发展的基础。"无人化"开采的目标是实

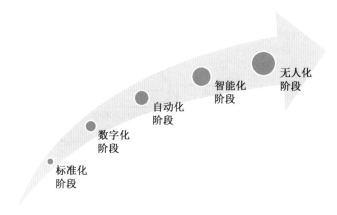

图 5-2 无人化开采实现途径

现机器的"人类思维"逻辑，在适当条件下尽可能代替人力作业，同时发挥机器设备高效运算的优势，提高作业效率，节省更多人力资源。而实现这一目标的前提是要理清岗位作业流程，明确机器设备运行程序，但由于人工智能发展的局限性，还无法形成自主"思维"，对于具有较强逻辑性的作业和劳动，暂不能形成合理的作业流程。因此，无人化开采的应用需要借助标准作业流程的逻辑关系、作业内容以及作业要求等相关内容，在标准作业流程的框架下实现各类场景应用。

（2）SOPCM 是"无人化"开采的技术支撑。"无人化"开采需要借助的计算机软件和程序编制是核心，从软件编制的流程来看，无论是需求分析、软件功能设计、软件总体架构、算法实现、软件测试等都与标准作业流程密切相关，软件本质也是一种"标准化程序"，其编制和运行都严格遵循逻辑顺序和技术标准，在人工智能研发过程中引入标准作业流程思维和方法，将进一步提升人工智能开发速度和质量。

SOPCM 的推广应用为智能开采实现提供可靠的数据积累并形成数据库，人工智能通过对数据与技术的分析整合，切实推进了发展更安全、更高效的智能开采，SOPCM 是推进矿山智能开采的坚实基础。

第六章　SOPCM　的　作　用

通过前述几个章节我们了解了 SOPCM 是什么？有什么作用和意义？那么 SOPCM 在煤矿现场究竟能发挥哪些现实作用呢？本章从煤矿现场管理和现场作业两个层面介绍了 SOPCM 能够解决的实际问题。

第一节　SOPCM 在煤矿管理中的作用

一、完善流程管理体系

SOPCM 是流程管理体系中最底层的环节，在煤矿管理中，多数企业形成了基本的业务管理流程，如审批流程、采购流程、招标流程等，但在操作和作业层面欠缺相关流程，SOPCM 梳理了最底层的、涉及面最广泛的、作业层面的流程，填补了流程管理中的空白环节，实现了煤矿业务和作业的全流程管理，形成了完善的流程管理体系，是一流企业经营管理中必不可少的一部分。

二、实现煤矿现场精益化管理

精益化管理强调简单、快速、持续提高效率和品质，缩短作业时间，减少浪费等，在制造业中发挥了极其重要的作用，受到了全世界各行业的推崇和学习，也引起了煤炭行业的重视。国内部分煤炭企业尝试引入精益化管理理念，也提出了一些管理举措，但从实际应用效果看，还远未实现精益化生产和管理，根本原因在于煤矿生产的主要作业环节未形成统一的标准和规范，精益化管理缺少必要的基础。SOPCM 的应用解决了这一难题，将煤矿的作业进行全面、细致梳理，将每一个作业的内容、标准和要求等进行细化和量化，尽可能实现煤矿现场作业的统一化、标准化和规范化，为精益化管理打下了坚实基础。同时，SOPCM 的应用也为精益化考核提供有效抓手，在缺少 SOPCM 的情况下，现场员工作业是否规范、作业效率和作业质量是否合格、作业的安全风险是否掌握都难以监督，通过 SOPCM 的实施和应用，可以对现场员工作业开展检查和考核，实现煤矿生产的精益化管理。

三、对安全管理体系形成有效补充

现有的煤矿安全管理体系多从系统层面和宏观层面出发，如煤矿安全生产标准化管理体系、煤矿风险预控管理体系等，涉及人、机、环、管等多种因素，强调的是一种系统化的安全管理，能够从整体上提供一种安全管理理念，而SOPCM 以规范人的作业为核心，侧重作业步骤间的逻辑关系和作业步骤标准，能够细化到现场作业的关键动作，相较其他管理体系其内容更加细致，既可相互补充，又能够相互促进和提升。SOPCM 抓住了安全管理中"人"这一核心因素，通过实施 SOPCM 可以提高其他安全管理体系的应用效果，形成优势互补。

第二节　SOPCM 在现场作业中的作用和效果

一、SOPCM "五大"作用

1. 规范作业习惯

可以使工作程序化、规范化、流程化，让所有员工学习、掌握、运用标准，并在作业中反复坚持训练，形成良好的习惯和规范的作业动作，实现精益生产，从而提高劳动生产率和生产效益。

2. 技能传授和安全培训

可以将企业积累下来的技术、经验记录在标准文件中，以免因技术人员的流动而使技术流失；使新入职员工经过短期培训，快速掌握较为先进合理的操作技术，提高师带徒的效果。

3. 控制和减少安全事故

按照标准作业流程进行设备操作检修，可以有效控制人的不安全行为和设备的不安全状态，从而达到控制零打碎敲事故的目的，实现煤炭生产可以不牺牲人的安全理念。

4. 风险管控和安全精益管理

推行标准作业流程是对煤矿风险预控管理体系的"落地"和"无缝对

接"。同时与安全生产标准化共同形成"三位一体"煤矿生产安全精益管理模式。

5. 缩短工作时间

在进行设备检修时，严格执行标准作业流程，可以减少不合理的环节和时间浪费，避免窝工现象，提高检修效率。

二、SOPCM"五大"效果

1. 员工不安全行为次数大为减少

以某集团推广应用流程为例，推行流程以来，员工"上标准岗、干标准活、说标准话"的意识明显提高，操作更加规范，不安全行为次数显著下降。截至2018年12月份，全公司不安全行为累计发生21767起，与2015年相比下降19139起，降幅46.79%，具体统计数据如图6-1所示。

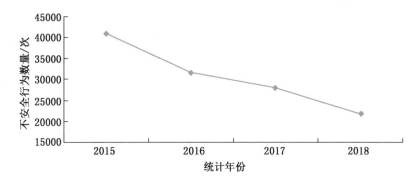

图6-1　某集团流程推广后员工不安全行为统计

2. 设备故障明显降低

机电设备事故和停机时间逐渐减低并趋于稳定，2018年全公司万吨煤停机时间为0.08 h，与2012年相比下降0.1 h，降幅55.56%，具体统计数据如图6-2所示。

3. 作业工序科学优化，单产单进生产效率提升

通过煤矿标准作业流程对作业工序进行了优化，减少了生产作业中的不合理环节，有力促进了煤矿精益化管理，提高了生产管理水平。2017年上半年，综采单产较计划提高了1%，单进水平较计划提高了3%，综采工作面单面同比提高了1.2%，掘进工作面单面同比提高了0.8%。

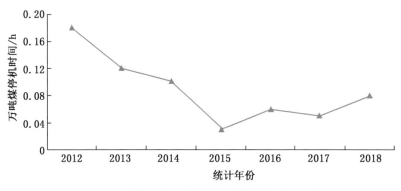

图 6-2　某集团流程推广后万吨煤停机时间统计

4. 人才培养周期缩短，岗位技能水平快速提升

煤矿标准作业流程的推广应用改变了传统的"师带徒"模式，搭建了一个资源共享的学习平台，缩短了新员工掌握岗位知识的时间。以支架工培养为例，以前培养一名支架工需要 6 个月，现只需 3 个月即可独立上岗。从表 6-1 可以看出，自 2013 年推广流程以来技能鉴定人员通过率明显增多；流程的推广使各工种之间实现了技术共享，为培养"一岗多能"的复合型人才提供了有效载体。

表 6-1　某集团流程推广后技术人员数量统计　　　　　　　　　　人

年份	初级工	中级工	高级工	技师	高级技师	合计
2013	131	433	175	60	5	804
2014	271	878	579	94	35	1857
2015	28	337	338	72	3	778
2016	233	81	164	33	12	523

5. 现场管理水平明显提升

通过煤矿作业流程，规范了员工现场作业内容，提出了明确的作业标准，有效消除了作业随意、杂乱无章、混乱无序等现象，显著改善了现场作业状况，提高了全公司矿井现场管理水平。以管线吊挂为例，流程推广前部分矿井液压支架管线随意放置，杂乱无章，煤壁电缆等随意吊挂，混乱无序，增加了现场安全作业风险；流程推广后，通过持续的培训和学习，明确了管线吊挂的具体内容、步骤和标准，管线统一捆扎、吊挂，整齐划一，管线吊挂水平显著提升。现场管理对比如图6-3所示。

流程推广前

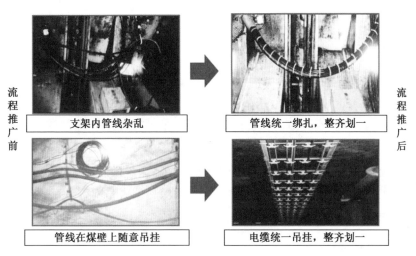

支架内管线杂乱

管线统一绑扎，整齐划一

管线在煤壁上随意吊挂

电缆统一吊挂，整齐划一

流程推广后

图6-3　某集团流程推广前后管线现场管理对比

第七章 SOPCM 目录梳理

第一节 SOPCM 目录梳理原则

目录梳理是 SOPCM 编制环节的首要工作，高质量的目录梳理成果可以预计流程编制工作量、把握流程的重点和难点、加深参编人员对流程的掌握和理解，为编制工作打下坚实基础。

一、目录梳理的依据

流程梳理主要依据岗位职责、操作规程、标准、危险源辨识等内容进行。如井工矿采煤机司机岗位，其岗位职责就是保证顺利割煤及设备正常运行，其操作规程包括采煤机启动、采煤机停止、采煤机运行、更换采煤机截齿、采煤机过断层、采煤机双向割煤、采煤机单向割煤、处理电缆槽内大块煤矸等项目及其所处岗位的危险源辨识情况。因此，梳理采煤机司机岗位流程时，要充分考虑其岗位职责、操作规程及危险源辨识情况，进而保证制定的流程科学、合理和具有可操作性。

二、目录梳理的原则

SOPCM 流程梳理原则即确定到底哪些流程是需要梳理的，例如下井时要更衣换鞋、操作支架需要先打开防护盖板等，虽然这个动作也遵循一定的流程，但是没有必要将相对简单且常识性步骤进行梳理，再去确定穿鞋的步骤和标准等，这反而会增加工作的负担。流程梳理应遵循以下六项原则：

（1）具有普遍性、代表性。普遍性和代表性主要是指设备和作业具有广泛性且具有一定的典型性，这主要是 SOPCM 在刚开始梳理时，一般由集团公司或分公司牵头组织，那么从集团公司或分公司的角度出发，梳理的流程应该是大多数矿井都在用的设备或者都采用的操作，某一个矿个性化的设备或操作的重要性就相对较低（各矿个性化参见执行流程）。

（2）一般为3个步骤以上。3个步骤以内的作业，复杂程度一般较低，也难以形成流程，员工一般都能够熟练掌握，没有必要再进行梳理，避免人为增加流程数量和复杂性。

（3）不同人操作差异大，难规范。煤矿现场很多作业并没有明确的说明，不同人干同一件事可能会有多种不同的方法，但作业效率却存在较大差别，流程梳理应重点关注此类作业，将不同员工的作业方法进行集优，从而找到最佳作业方法。典型代表就是麦当劳的作业流程管理，无论在美国还是中国，无论在北京还是南京，吃到的汉堡都能够保证是一个味道。

（4）生产现场使用频率高。使用频率越高，涉及的人员越多，越有可能出现安全问题，同时在缺少最优化作业方法的情况下，也可能会降低生产效率，因此使用频率越高的流程，梳理的优先级越大。

（5）安全风险等级高。安全是煤矿生产的首要问题，也同样是SOPCM的首要问题，在进行流程梳理时应重点关注危险设备、危险操作、危险作业环境以及曾经发生过事故的作业。

（6）国家鼓励或推广设备以及煤炭生产企业内部广泛使用设备操作与维修作业。梳理流程也应当与国家、行业的政策接轨，鼓励类的设备代表了以后的发展方向，应重点进行梳理。同时还应充分考虑企业实际情况，在不违反国家政策的前提下，企业内部广泛使用的设备也应当进行梳理。

三、SOPCM 流程命名规则

在考虑作业的特殊性、固定称谓及专业术语的基础上，对作业流程的具体名称命名。尽量使用动宾结构且为中文汉字全称，如更换采煤机截齿标准作业流程、采煤机过断层标准作业流程等。

第二节 SOPCM 目录分类分级

SOPCM 分类分级是按照专业、作业设备、作业类型等对煤矿生产各作业环节的流程进行横向和纵向划分，便于区分编码和统一管理。SOPCM 的分类分级标准相较于业务流程管理更加细微，涉及煤矿作业环节和内容也非常多，若不进行分类分级区分，会给后续的管理和执行带来不少困难。同时煤矿生产实际中有一些惯用的专业分类，给 SOPCM 的分类分级提供了重要参考和借鉴。

一、流程分类分级概述

1. 流程管理中的分类分级

流程的分类分级，即将流程从粗到细、从宏观到微观、从理论指导到具体指导操作进行分解。流程的分类首先从管理要求和角度出发。由于不同管理对象流程的目标和流转环节差异较大，因此可按管理要求分解为不同的流程，对应相应的流程控制点和知识经验积累点。其次是流程的分级。一个描述比较复杂的流程，可将其中一部分独立为其子流程，或将多个流程都会用到的公共流程分解出来作为单独的流程。流程的分级细化要考虑不同细化颗粒度，使分解的不同层级流程能对应到某一岗位层级。

2. SOPCM 分类分级

SOPCM 分类分级是按照专业、作业设备、作业类型等对煤矿生产各作业环节的流程进行横向和纵向划分，便于区分编码和统一管理，在主体架构和专业设置的前提下，采用统一性原则和方法，结合矿井生产实际进行针对性的分类分级，以具备适用、实用、易用的应用原则。

二、SOPCM 分类分级方法

（一）SOPCM 分类

依据煤矿生产价值链分析，煤矿的核心业务为煤炭生产和煤炭洗选加工，依据现场生产需求、专业习惯等，将 SOPCM 分为井工、露天和洗选三大类。井工和露天都属于煤矿开采环节，但因二者的工作环境、生产工艺、系统布置以及设备类型等都有较大区别，所以将二者各列为一类，而洗选属于开采的下一个大环节，因此也单独列为一类。煤矿标准作业流程分类分级总体框架如图 7-1 所示。

（二）SOPCM 分级

1. 井工类流程分级

第一级按专业进行分级，可分为采煤、掘进、机电、运输、"一通三防"、地测防治水、设备安装回撤等。

第二级按业务进行分级，可分为采煤设备操作、采煤设备检修、采煤辅助等。

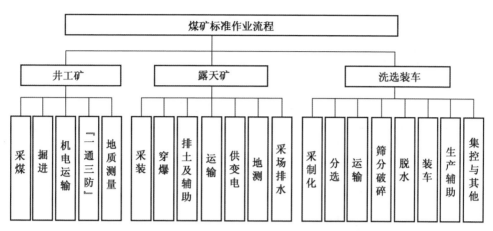

图 7-1 煤矿标准作业流程分类分级总体框架

第三级按设备类型进行分级，可分为采煤机、连采机、掘锚机等。

第四级按作业性质进行分级，可分为机械检修、电气检修等。

2. 露天类流程分级

第一级按专业进行分级，可分为采装、穿孔、爆破操作与器材、排土及辅助、供变电、地质测量、采场排水等。

第二级按业务进行分级，可分为采装设备操作、采装设备检修、辅助等。

第三级按设备类型进行分级，例如采装设备操作可分为吊斗铲、电铲、轮斗铲挖掘机以及前装机及液压铲等。

第四级按作业性质进行分级，可分为机械检修、电气检修等。

3. 洗选类流程分级

第一级按专业进行分级，可分为分选、运顺、筛分破碎、脱水、装车、集控、生产辅助、检修通用、选煤技术检查等。

第二级按业务进行分级，可分为分选设备操作、分选设备操作检修等。

第三级按设备及岗位操作进行分级，可分为重介旋溜器、跳汰机等。

三、SOPCM 编号

流程编号是对流程的唯一性标识，目的是信息化管理和人岗精确匹配。煤矿标准作业流程编号由流程标识符—板块（煤炭）—专业号—顺序号—分公司组织编码构成。其中，流程标识符和煤炭业务是统一规划且固定的，专业号、顺序号、分公司组织编码由系统根据不同情况生成。专业号根据流程分类和专业生成，如"A01"代表井工类采煤专业。系统根据用户所在的组织类型井工矿（A）、洗选厂（B）标识顺序号，根据所选流程专业确定专业编号。井工矿分类见表7-1。

表7-1 井工矿分类

分类名称	专业名称	专业号
井工矿 A	采煤	01
	掘进	02
	机电	03
	运输	04
	"一通三防"	05
	地测防治水	06
	设备安装回撤	07
露天矿 B	采装	01
	穿孔	02
	爆破操作与器材	03
	排土及辅助	04
	供变电	05
	地质测量	06
	采场排水	07
	运输	08
洗选 C	分选	01
	运输	02
	筛分破碎	03
	脱水	04

表 7-1（续）

分类名称	专业名称	专业号
	装车	05
	集控	06
洗选 C	生产辅助	07
	检修通用	08
	选煤技术检查	09

　　顺序号为该分级后的流水号，顺序增加，最大为 9999。以某集团为例，流程编号说明如图 7-2 所示。

$$\text{SHPM-12-A01010101-0001}$$

流程标识符　煤炭　分类：一级、二级、三级、四级　顺序号

图 7-2　某集团煤矿标准作业流程编号

第八章 SOPCM 编 制 方 法

第一节 编 制 原 则

流程的编制原则是比具体编制更高层次的纲领性要求，是用来解决流程编制具体方法分歧的钥匙和准绳，是企业编制流程宝贵经验的沉淀。流程编制过程中没有流程编制原则，就没有流程编制质量的评判依据。流程编制原则的提炼来自两个方面：一是流程整体规划，围绕流程规划，要将其落实到具体每个作业类型的执行规划；二是最佳实践提炼，最佳实践来自各岗位现场实践作业知识经验的积累。流程编制需要遵循的原则如下：

（1）安全性原则。煤矿标准作业流程中不仅明确了此项操作按照《煤矿安全规程》、安全生产标准化以及标准等要做什么，还把作业标准融合到了具体的作业步骤中，进行量化和指导。同时，融合了安全风险预控体系，将辨识出的危险源在表单中的作业步骤、作业内容、作业标准、危险源及安全风险提示等方面消除或避免，提高人员和操作的安全性。通过流程，准确规范地告诉岗位作业人员，这项工作这一步必须干什么、怎么干、干到什么程度算合格，有哪些风险必须重视和避免。

（2）实用性原则。为了便于指导、规范生产作业人员实际工作，在表单中综合与生产作业直接相关的部分作为表单的主要内容，真实反映现场操作任务和需要准备的工作，包括作业步骤、内容、标准、制度、工单、人员及危险源与安全风险提示等。

（3）准确性原则。为了使流程编制有依可循、有据可查，编制前期研究分析了国家及煤炭行业规程、规范以及各类标准等，确保提出的流程作业标准合规、科学、准确，同时在分析国内先进煤炭企业资料的基础上，认真梳理、研究和总结区队、班组、岗位操作制度、作业表单、工作规范、安全要点等信息，作为流程图绘制的数据来源。

（4）规范性原则。编制过程严格按照流程编制方法标准，一方面保证每个流程的步骤、作业内容、作业标准、安全风险提示等描述，符合现行国家和煤炭行业颁布的方针政策、法律法规、规范和标准等。另一方面按照规范用词用语以及描述方法，规范逻辑关系和形式，确保编制作业流程的规范性体系文件（表单）。

（5）科学性原则。编制的流程经过国内权威专家以及技能大师审查，通过并经现场实践、试运行检验、修改完善、再次审查无误，遵循 PDCA 原则方法检验后可发布实施，确保流程的科学性。

（6）通用性原则。流程全部纳入流程库，保持一定的通用性，用于指导煤矿、选煤厂及附属单位编制适合各自的执行流程。

（7）可操作性原则。流程是"源于基层、高于基层、指导基层、服务基层"。既要充分体现提高作业效率、保障安全生产的要求，又要符合煤矿现场实际情况，具有可操作性。所有流程都应坚持煤矿企业能实现、可执行、用得上，才能发挥实效。

第二节　编制程序及要求

为确保流程编制有序开展，结合流程编制方法研究情况，制定了以流程提出到流程文件形成的流程编制程序，煤矿标准作业流程编制程序如图 8-1 所示。

一、流程提出

根据各煤矿（选煤厂）各岗位现场作业情况，按照煤矿标准作业流程分类、分级原则，提出待编制流程，并根据流程目录、范围设置、编号要求，列入相应流程目录，即流程梳理。

二、基础信息整理

收集待编制的煤矿（选煤厂）标准作业流程的相关基础信息，对资料内容中的流程要素进行分析整理。

（1）相关制度基础信息，包括《煤矿安全规程》《选煤厂安全规程》《煤矿防治水细则》等国家标准、行业标准及规定，以单条形式存储。

（2）作业人员基础信息，包括《煤炭行业岗位（工种）名录》中确定的工

图 8-1　煤矿标准作业流程编制程序

种，并根据流程步骤确定工种个数。

（3）作业表单基础信息，包括各项岗位作业流程步骤涉及的所有作业表单。

（4）危险源基础信息，包括各项岗位作业操作或检修过程中已识别的危险源信息。

（5）不安全行为基础信息，包括煤矿（选煤厂）岗位作业具体流程步骤中涉及的不安全行为信息。

（6）事故案例基础信息，包括各项岗位作业曾经发生过的事故案例。

三、流程名称确定

在考虑作业的特殊性、固定称谓及专业术语的基础上，对作业流程地具体名称命名。尽量使用动宾结构且为中文汉字全称。

四、流程表单编制

1. 理论依据

在流程图绘制完成后，已经能够对作业的步骤及逻辑关系有较为清晰地描述，但若要在现场使用，仍需要对作业涉及的关键信息进行详细说明，如"谁来做""什么时间做""在哪做""怎么做"等，这就需要通过流程表单补充以上信息。

5W1H 分析法（Five Ws and one H）也称六何分析法，"5W"是在 1932 年由美国政治学家拉斯维尔最早提出的一套传播模式，后经过人们的不断运用和总结，逐步形成了一套成熟的"5W+1H"模式。5W1H 分析法是一种思考方法，也可以说是一种创造技法，是对选定的项目、工序或操作都要从原因（Why）、对象（What）、地点（Where）、时间（When）、人员（Who）、方法（How）等六个方面提出问题进行思考，具体内容及分析步骤如图 8-2 所示。

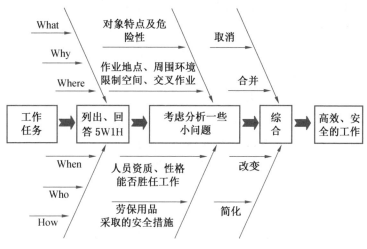

图 8-2　"5W1H"方法内容及分析步骤

在编写表单时可以参考 5W1H 分析，对表单的各项内容进行完善。由于煤矿现场作业的特殊性，目前还没有办法对作业时间进行精确掌控，在设计表单时也没有考虑这一因素，主要是根据作业步骤完善相应的作业内容和作业标准。随着煤矿现场精益化管理的进一步实施，未来在 SOPCM 中也要考虑相应的时间因素。

2. 要求

编制人员按照流程图内容及流程表单编制要求，梳理岗位标准作业流程的流程步骤、作业内容、作业标准、相关制度、作业表单、作业人员和危险源及风险提示，编制流程表单。流程表单编写要求如下：

（1）序号要求。流程步骤顺序编号，以 1、2、3 等表示。同一步骤内存在并列的作业，编号以-1、-2、-3表示，-1、-2、-3无先后顺序关系。如第二个步骤有并列的三个作业表示为2-1、2-2、2-3。

（2）步骤要求。步骤的名称，一般为动宾结构，名称表述应简洁明了。

（3）作业内容要求。对作业对象在操作、检修步骤中的每一个作业程序及具体内容进行细化。作业内容便于作业人员理解，并详尽说明流程步骤操作内容。

（4）作业标准要求。作业内容所遵循技术、装备、工艺、质量及操作等要求，做到量化、准确。作业标准内容便于作业人员理解，并满足指导作业人员流程具体操作的需要。

（5）相关制度及表单要求。制度包括与作业内容相关的法规、标准、规范、规章及煤炭生产企业规定等。法规、标准、规范、规章及各公司相关规定均应引用全名并落实到具体条款。表单能够规范现场流程作业过程中的内容，如交接班记录单、停送电工作票等。

（6）作业人员和危险源及风险提示要求。

作业人员应使用《煤炭行业岗位（工种）名录》中确定的工种，作业人员的选择应符合流程作业步骤和操作内容的需要且不能遗漏。危险源及风险后果提示，应提出可能发生的安全隐患及防范措施。

五、流程图绘制

根据流程图通用结构，结合煤矿标准作业流程体系及框架设计选择循环结构，流程图建模人员按流程图符号要求，结合流程步骤逻辑顺序，用流程编制工具绘制成流程图。SOPCM流程图符号示意见表8-1。

表8-1 流程图符号示意

符号	说明	示例
	事件：表示流程运行过程中所发生的状态改变	超前支护 需求开始
	功能：为达到一个或多个目标而作用在（信息）对象上的一个任务、操作或活动	检查作业 环境

表 8-1（续）

符号	说明	示例
	作业人员：描述有相同职责（权利和义务）的人员，用以担负和完成作业流程中的具体工作	采煤支护工
	作业表单：表示流程中的数据、表单，为纸质表单，如停送电票、记录单、审批单等相关表单	高压检修表单
	相关制度：作业参考的相关制度、规范、规章、规程、规定等	安全规程
∧	与：表示一件事情可能产生的几个结果或后续活动，全部发生；或表示一件事情的发生需要几个条件同时满足	1 工器具及材料准备 / 2-1 通知相关单位做好停电准备工作 / 2-2 审批停送电工作票
⊗	异或：表示一件事情可能产生的几个结果中，有且只有一个会发生	2-2 审批停送电工作票 / 工作票已审批通过 / 工作票未审批未通过

表 8-1（续）

符号	说明	示例
	或：表示一件事情可能产生的几个结果中，至少有一个会发生	
	流程接口：表示与本流程有接口关系的其他流程	

六、流程审定

审定人员会同编写人员对每个作业流程表单逐一审定。审定工作以小组形式对流程分专业审查。总负责人、专业负责人会同流程编制人员按流程步骤、作业内容、作业标准、相关制度、作业表单、作业人员和安全风险提示依次提出审查意见，保证标准作业流程编写的质量。通过流程审查表进行痕迹管理。

七、流程文件形成

开发适用于自己的流程应用信息系统，方便流程以电子形式应用、学习、培训和考核。使用 ARIS、VISO 等软件实现流程建模、绘图、填写流程表单等，上传至信息系统，根据需要也可输出单独流程文件。通过信息化系统，提高流程的应用推广以及传播效率的，实现工业化和信息化的融合。

第三节 SOPCM 与风险预控管理体系融合

一、融合原因

自风险预控管理体系和煤矿标准作业流程在煤矿生产、管理中应用以来，很大程度上提高了煤矿安全生产管理水平。两套体系各有侧重，煤矿安全风险预控管理体系以危险源的辨识和不安全行为控制为核心，而煤矿标准作业流程则重点解决岗位作业的标准化和效率问题。由于岗位标准作业流程提出的时间相对较短，员工对其理解和应用还不够深入，容易在实际应用过程中出现"两张皮"的现象，部分员工甚至认为两套体系不仅没有起到互补的作用，反而成为累赘。如果将两套体系有机融合，相互借鉴，就可共同实现安全高效生产，解决煤矿管理面临的难题。

员工在学习应用过程中，标准作业流程和危险源辨识是分开培训教学的，费时耗力并且两者难以对照学习，也难以将两者有效融合记忆，导致员工执行标准作业流程的同时不清楚每个环节存在哪些危险源，学习和应用效果较差。

针对以上问题，对两套体系的特点和内涵进行深入分析和对比，揭示两套体系的关系，提出两套体系的融合方法，为两套体系的融合改进提供了参考和落地手段。

二、关系分析

1. 煤矿安全风险预控管理体系主要内容

2005 年，由国家煤矿安全监察局和神华集团公司共同立项组织研究的煤矿风险预控管理体系，是一套在总结我国煤矿安全管理先进经验、引进国内外先进安全理念和技术基础上，经过 5 年多研究和实践检验发展起来的煤矿安全管理的新方法。煤矿风险预控管理体系强调的是"煤矿事故可防、事故风险可控"的过程管理，从管理对象、管理职责、管理流程、管理标准、管理措施，直至最终的管理目标，形成了一整套按照自动循环、闭环管理的长效机制，无论从认识观还是方法论的角度来看，全面推行风险预控管理体系必将成为我国煤矿安全管理的必然趋势。

煤矿风险预控管理体系强调以危险源辨识和风险评估为基础，以风险预控为核心，以不安全行为管控为重点，对煤矿全生命周期过程中存在的危险源采取有效的消除、减少、稀释和隔离等措施，实现"人-机-环-管"的最佳匹配，力求将煤矿风险降低且保持在容许度上限之下。该体系由 5 部分组成：

（1）保障管理。主要规定体系运行组织机构及其安全责任制、体系方针目标、体系文件化以及体系评价等要求，其作用是保障体系能推动起来和运行下去，体系要求能落到实处。

（2）风险预控管理。主要规定煤矿危险源辨识和风险评估、风险控制标准和措施以及危险源监测、预警和消警等要求，其作用是将风险预控管理的理念和方法运用到煤矿安全管理的全过程。风险预控管理流程图如图 8-3 所示。

（3）不安全行为控制。主要规定不安全行为梳理、行为机理分析和不安全行为管控，其作用是保障员工行为安全，防止人员失误而导致事故和伤害。

（4）生产系统要素控制。规定煤矿采掘机运通、防突防瓦斯、防治水和防灭火等煤矿生产活动以及系统性重大危险源的管控，其作用是贯彻落实国家煤矿安全生产的法律法规以及煤矿安全质量标准化标准，实现安全生产。

（5）辅助系统要素控制。主要规定生产系统以外的其他安全工作，其作用是实现煤矿"全过程、全方位和全员参与"管理。神华集团《煤矿安全生产风险预控体系及控制技术》获 2009 年中国煤炭工业协会科学技术奖一等奖。神华集团煤矿风险预控管理体系分为 5 部分，包含 28 个子系统、160 个元素、746 个条款，表 8-2 列出了煤矿风险预控管理体系结构及元素。

煤矿安全风险预控管理体系结合国内外先进安全管理理念和方法，系统研究了煤矿事故致因理论及煤矿安全风险预控管理体系的原则、架构、元素组成和运行模式等，是一套能够实现煤矿本质安全的新方法。在经过全国数百家煤矿近 5 年的实践应用，该体系更趋完善，其科学性和有效性得到了验证。2011 年，基于该体系编制形成的《煤矿安全风险预控管理体系规范》（AQ/T 1093—2011）正式发布，为我国煤矿安全生产管理提供了有力支持。

表 8-2　煤矿风险预控管理体系结构及元素

五大部分	系统	系统名称	元素个数
保障管理	1.1	组织机构	3
	1.2	安全管理规章制度	3
	1.3	文件、记录管理	2
	1.4	企业本质安全文化管理	3
	1.5	监督机制	3

表 8-2（续）

五大部分	系统	系统名称	元素个数
风险预控管理	2.1	风险管理	5
不安全行为控制	3.1	人员不安全行为控制管理	7
生产系统要素控制	4.1	采掘管理	11
	4.2	地质监测管理	6
	4.3	防治水管理	11
	4.4	机电管理	17
	4.5	运输管理	7
	4.6	空压机及输送管理	4
	4.7	压力容器、登高及起重作业管理	3
	4.8	爆破管理	6
	4.9	通风管理	8
	4.10	通风安全监控管理	5
	4.11	防灭火管理	5
	4.12	防尘管理	7
	4.13	防突出管理	7
	4.14	瓦斯管理	6
	4.15	瓦斯抽采管理	9
辅助系统要素控制	5.1	煤矿准入管理	2
	5.2	承包商管理	2
	5.3	消防管理	3
	5.4	应急与事故管理	5
	5.5	职业健康管理	4
	5.6	煤矿环境保护管理	7

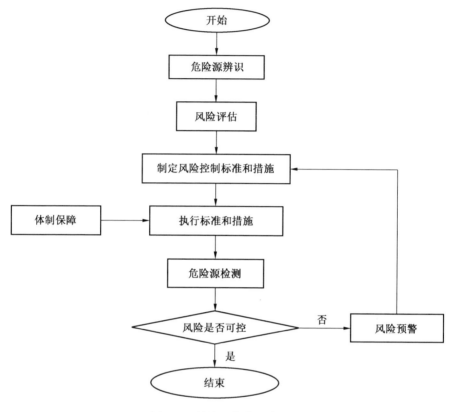

图 8-3 风险预控管理流程图

2. 关系分析

分析煤矿安全风险预控管理体系和煤矿标准作业流程之间的关系是两大体系融合的基础，二者的区别和联系主要表现在以下几个方面：

（1）目的一致，都遵循 PDCA 循环。循环煤矿安全风险预控管理体系是通过对生产过程中的风险提前进行识别和评价，并采取针对性的管理措施达到风险预控、安全生产的目的。煤矿标准作业流程则是通过制定高质量、高效率、高安全性的最优标准化作业程序，实现煤矿的高效安全生产。因此，二者的目的都是保证煤矿的安全生产，都能提高煤矿的安全生产管理水平。从二者的运营模式看，都遵循 PDCA 循环，不论是风险预控管理体系还是煤矿标准作业流程，都遵循 PDCA 循环（图 8-4、图 8-5），都是一个动态变化的过程，两大体系实施的目的都是为了提高煤矿的安全生产管理水平。

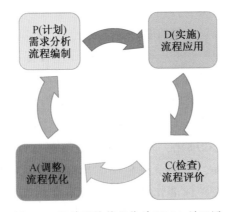

图 8-4　风险预控管理体系 PDCA 循环图

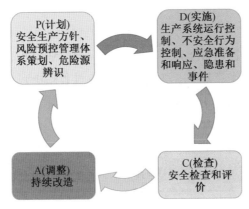

图 8-5　流程 PDCA 循环图

　　由风险预控管理体系的构成元素可知，整个体系是包含作业安全控制在内所有与安全生产相关要素的一个有机整体，侧重各个层级的安全管理。涉及煤矿生产中人、机、环、管各方面、各层级的管理内容，核心是风险的识别和消除，相较于煤矿标准作业流程具有更强的整体性和系统性。煤矿标准作业流程定位作业层级的基础执行，一般不涉及管理层级的内容，以作业为核心，相较于风险预控管理体系具有更强的应用性。从煤矿标准作业流程的编制来看，对具体岗位的操作和经验要求较高，而对使用者并无特殊要求，由于岗位标准作业流程来源于生产实践，一般具有一定工作经验的使用者都能很快掌握和使用。

（2）互补联系。由以上分析可知，标准作业流程是实现风险预控管理体系落地的有效抓手，为安全检查提供了有效途径，实现了煤矿安全的由"被动管理"向"主动管理"过渡。煤矿标准作业流程提供了规范、标准、安全的作业程序，从根本上消除了人的不安全行为。与此同时，风险预控管理体系中大量的危险源辨识成果以及相应的安全管理措施为煤矿标准作业流程提供了良好的借鉴，通过融合、吸收风险预控管理体系的成果，煤矿标准作业流程的内容进一步完整和细化，尤其是根据危险源有针对性的编制流程步骤、作业内容和作业标准等，将显著提高煤矿标准作业流程的安全水平。因此，风险预控管理体系和煤矿标准作业流程不仅不会相互矛盾，而且相辅相成，互为补充，可共同促进煤矿安全生产水平的提升。

三、融合方法

1. 融合基础

煤矿岗位作业流程包含了煤矿、选煤厂标准作业流程，其内容基本覆盖了煤矿、选煤厂的主要生产岗位。为了加强作业过程中的风险管理，在流程表单中为每一个作业步骤设计了安全提示的内容，重点针对作业过程中可能遇到的重大危险有害因素进行提示。两者内容上具有相似的部分，可以相互借鉴，风险预控管理表单和流程工单对比情况见表 8-3。

表 8-3　风险预控管理表单和流程工单对比情况

管理体系	任务	工序	危险源	风险及其后果	管理标准	管理措施	不安全行为
流程	流程名称	流程步骤	危险源及风险后果提示		作业标准		

由表 8-3 可知，风险预控管理体系表单中的任务对应流程名称，通过两者的对应和匹配，可以精确找出某一作业流程涉及的风险；工序对应流程步骤，据此对应关系，可进一步将风险缩小至作业流程中的某一步骤；危险源和风险后果提示对应安全提示；管理标准、管理措施和不安全行为则对应流程中的作业标准，都是对某一具体措施的规定和要求。由于存在以上对应关系，两大体系的融合基础良好。

2. 融合原则和融合内容

基于对两大体系的特点、关系的分析，提出两大体系的融合原则：

（1）在执行流程层面开展流程与风险管控体系融合。

（2）因人的不安全行为导致的危险源应在流程作业内容和作业标准中避免和消除。

（3）无法通过作业内容、作业标准消除的危险源应作为安全提示。

（4）可能导致重大伤亡事故的不安全行为（曾发生过事故或重大等级以上危险源也应作为安全提示，可重复强调）。融合内容主要包括作业内容、作业标准、安全提示三个方面。

3. 融合方法

根据以上分析，提出两大体系的融合方法：对流程作业表单内容进行改进，充分利用风险预控管理体系现有成果，进一步完善流程的风险管控内容，实现流程与风险预控管理体系的有机融合。将原流程表单中的"安全提示"改为"危险源及后果"，填入风险预控管理体系中辨识风险等级重大及以上的危险源以及相应的风险后果。同时，若"作业内容""作业标准"中缺少预防该危险源的措施，应按该危险源对应的管理标准进行补充。

第四节　编　制　示　例

在流程编制过程中，流程表单的编制是核心工作，流程步骤、作业内容和作业标准等几项核心内容均在这一环节编制，本节以示例形式对流程表单的编制进行解释和说明。

以超前支护标准作业流程为例进行说明：

第一步：确定作业步骤及逻辑顺序。作业步骤是流程编制的"大纲"，作业步骤的完整性和逻辑性是关键。首先要思考作业的关键环节有哪些，作业步骤不能太多，拆分不能太细，以超前支护为例，回顾主要作业步骤和顺序应为检查作业环境、准备工器具、架设支架和清理现场这四个关键步骤，其他如注液加压、穿鞋戴帽、挂放倒绳等为架设支架的次要步骤，分清主次和级别后分类确定，同时需要考虑步骤的先后顺序及其之间的逻辑关系。

第二步：编写每一步骤对应的作业内容和作业标准。作业内容和作业标准是一个流程的主干，"作业内容"主要指导现场人员"干什么"，"作业标准"

指导和衡量"干到什么程度",这两项内容是现场作业要参照的具体要求和标准,由于这两项内容具有很强的关联性,建议同时进行编制。步骤 1 按实际检查项目列入,遵循主要、关键、安全原则,如瓦斯、顶板等,其次确定每一步骤的作业内容,对应编制作业标准,作业标准尽量量化,无法量化的要叙述清楚,不产生歧义。

第三步:编制对应制度。相关制度是作业内容和作业标准编制过程中涉及的制度,包括国家、行业、企业标准等,编写相关制度的目的一是强调将有关制度内容进行了融合,二是在制度更新时便于查找和修改。以超前支护为例,步骤 1 中的检查瓦斯和一氧化碳浓度由于涉及《煤矿安全规程》第一百三十五条规定,因此在相关制度中应将涉及的具体制度名称和具体条款填写在表单中。

第四步:编写作业人员。作业人员是该步骤的具体执行人员,可以是一人也可以是多人,作业人员的名称尽量与国家有关规定的人员名称一致,若作业人员名称是矿井长期使用或者习惯用法,则以矿井当前的称呼为主。本例中步骤 1 的作业人员为"采煤支护工"。

第五步:编写作业表单。作业表单是作业过程中需要填写的各种记录和票单等,例如"停送电工作票""维修记录"等,一般涉及特有的几个工种和作业环节,大多数流程步骤不需要填写作业表单。此例中步骤 1 无相关表单,不需要填写。

第六步:编写危险源及风险后果提示。此项内容主要是梳理某步骤在作业时容易发生的风险,起到强调和警示的作用。步骤 1 中,未检查顶底板及两帮情况在出现冒顶时,支护不及时、不到位,可能会造成人员伤害或设备损坏;未检查瓦斯或一氧化碳浓度,在气体超限时可能会引发瓦斯爆炸造成人员伤害。以此类推,将作业中的风险源逐一梳理即可。

第七步:编制其他步骤内容。按照以上编制顺序,将剩余的三个步骤,准备工器具及材料、架设支护、清理作业现场逐一编制完善。

第八步:检查和完善。待该流程所有步骤编写完成后,对各步骤内容逐一检查并修改、完善。

超前支护标准作业流程表单见表8-4。

表 8-4　超前支护标准作业流程表单

序号	流程步骤	作业内容	作业标准	相关制度	作业表单	作业人员	危险源及风险后果提示
1	检查作业环境	1. 敲帮问顶；检查作业范围内超前支护架设质量 2. 检查巷道畅通情况 3. 检查管线	1. 顶板、两帮支护完好 2. 作业地点 20 m 范围内无障碍物，风流正常 3. 管线吊挂整齐、指示明确	《煤矿安全规程》第一百零四条		采煤支护工	1. 清煤前没有进行敲帮问顶，冒顶、片帮，超前支柱倾倒，造成人员伤害 2. 未及时观察顶板状况，未超前支护，冒顶周围区域支护不及时、不到位，冒顶区域扩大造成人员伤害或设备损坏 3. 敲帮问顶工具不当，顶板冒落、片帮造成人员伤害
2	准备材料、工具	1. 准备单体液压支柱 2. 准备棚梁或柱帽、柱靴（铁鞋）等 3. 准备供液管路、注液枪、卸压手柄、防倒绳、大锤、卷尺	1. 单体液压支柱完好、数量、型号满足要求 2. 棚梁或柱帽完好、数量、规格满足要求 3. 管线吊挂整齐、指示明确，液枪、液管完好			采煤支护工	
3	架设支护	架设支护	1. 回单体时，必须使用专用工具，严禁使用扳手、花篮螺栓等工具替代，以防损坏工具、单体，或造成人员伤害 2. 单体液压支柱支设角度、初撑力、同排距符合《作业规程》规定	《煤矿安全规程》第九十七条		采煤支护工	

表 8-4（续）

序号	流程步骤	作业内容	作业标准	相关制度	作业表单	作业人员	危险源及风险后果提示
3	架设支护	架设支护	3. 棚梁或支柱帽接实顶板 4. 超前支护长度符合《作业规程》规定 5. 单体液压支柱卸液口朝向采空区，支设成线，其偏差小于100 mm 6. 底板松软段，单体液压支柱穿鞋 7. 单体液压支柱拴绳联锁，防倒可靠 8. 超前支护长度不小于20 m	《煤矿安全规程》第九十七条		采煤支护工	
4	清理现场	1. 清淤、排水、清理杂物 2. 回收剩余材料 3. 回收工具	1. 巷道无积水、淤泥、杂物 2. 剩余材料回收干净，运到指定地点分类码放整齐 3. 工具回收干净，放到指定地点分类码放整齐			采煤支护工	

第五节　常见问题

问题一：流程定位理解不准确，对象及概念混淆

煤矿标准作业流程定位对象是井下岗位作业人员，功能定位是明确岗位工人具体作业步骤、内容和标准，在流程编制过程中仍会出现"编制措施""科室审批或总工程师签字"等，作为一项工作是需要编制措施和审批，但必须是在流程使用和执行前完成。当具体任务下达给岗位工人后，审批和措施是流程能够在现场执行的前提条件，而且措施起草和审批与岗位工人无关，他们只负责执行具体的工作任务，在流程中不需要体现。进一步理解流程的定位有助于编制、管理和执行。建议：流程在编制、推广应用和管理时，多站在岗位工人、使用者的角度去思考，便于、易于、利于工人使用，才会有更好的效果。

问题二：流程名称不规范，指代不明确

流程编制过程中由于对流程的命名规则理解不透彻，容易出现流程名称含糊、笼统，指代不明确。如"电机车运输标准作业流程"，是要启动还是停止？是要检修还是保养？还是要装车？指代不明确，岗位人员无法使用。再如"液压支架工操作标准作业流程"，这样的流程名称涵盖的作业内容太多，拉架、调直、收打护帮板等都属于操作流程，流程指代不明确。建议：按照流程编制方法，相同作业流程统一名称，流程名称的格式应是什么设备或地点，针对一项具体部位进行操作或检修，如"高压配电柜送电标准作业流程""副斜井提升机启停标准作业流程"等。

问题三：流程拆分不合理，简单问题复杂化

部分流程是必须连在一起作业的，存在将一项整体作业中的某一项工作单独编写流程，简单的问题复杂化。如"更换无极绳绞车尾轮标准作业流程"和"张紧无极绳绞车配重标准作业流程"，更换尾轮的时候必然要松、张紧配重，不需要单独编制配重流程，应加强理解和辨识。

问题四：共性流程步骤、作业内容、作业标准、危险源写法不统一

流程编制过程中存在共性作业步骤、作业内容、作业标准以及危险源，如"准备工器具""检查作业环境""停机闭锁""送电""清理现场""填写记录""检测瓦斯浓度"等写法容易出现不统一的现象，尤其是按照专业科室分配任务实施流程编制时，容易出现上述问题。建议：在流程编制前梳理共性内容，统

一流程步骤、作业内容和作业标准，编制时统一使用，以便记忆和应用。

问题五：流程内容描述性词汇较多，用词用语不规范

流程步骤名称应采用动宾格式，如"启动刮板输送机""更换螺栓""固定门框"等，在流程编制初期容易出现流程步骤名称不规范、作业内容语言描述烦琐等问题。如"向调度室汇报完成情况"，步骤工作内容中，规范写法为"汇报调度室"，消除修饰性词汇，具体汇报哪些内容在工作标准中明确，作业内容应言简意赅，有助于工人学习、记忆、使用和掌握。

问题六：作业内容和作业标准混淆，造成两者均描述不清

作业内容应言简意赅，按照流程工序，指出关键、重要、有安全隐患的步骤，作业标准具体、量化，不能量化的必须清晰说明。如在使用手拉葫芦进行作业时，"采用手拉葫芦对什么设备进行吊装"，去掉修饰性词汇，作业内容直接写为"吊装设备"，作业标准中明确"采用 15 t 手拉葫芦，明确吊挂点、捆绑等具体标准"。

问题七：作业表单与流程步骤不对应，不齐全

作业表单应严格与流程步骤对应，停电就要有停送电工作票，专项工作必须有专项措施，按规定应填写的操作票、检修记录等，必须对应填写相应工作表单，没有的不需要填写。要求在流程编制工作中只要流程步骤中有相应的表单，就要进行列示，逐步添加、补齐。

问题八：作业人员没有针对性，不具体

作业人员应严格与流程步骤对应，此步骤需要谁干，便填写对应岗位操作工，必须与现场持证人一致，一方面为明确责任，另一方面在流程需要多人作业时，所有作业人员都需要熟悉这个步骤，以保证安全。

问题九：危险源及风险后果提示写法不规范，提示不到位，认识不足

危险源及风险后果提示应与流程步骤内容对应，如流程步骤是停电，危险源只需提示停电时按规定应该戴绝缘手套、穿绝缘鞋或站在绝缘平台，不戴绝缘手套会导致严重的触电人身伤亡事故，而对于整个流程存在的其他危险源不需在每个步骤中提示，这样做的目的是把所有风险源切成小块还原给操作工，在每一项具体步骤中进行控制和规范，以保证安全。

危险源写法采用正面描述法，未做或者不戴什么，产生什么人身、运输、瓦斯爆炸事故，进行提示和警示，简练直接。

第九章 流程图建模

第一节 建模规则

流程图是流程SOPCM的概要，通过阅览流程图可以使现场作业人员对即将实施的作业步骤、人员、制度以及表单等有一个基础性的理解和掌握。

一、布局规则

流程图的布局应满足4个要求：

（1）起始和结束于事件（或流程接口），事件不能连事件。从上文可知，事件表示状态改变，从一个事件到另一个事件必然要经过一系列的作业步骤，事件直接相连就会导致关键的作业信息被隐藏，致使具体的应用人员无法按照流程图进行作业。如"超前支护需求开始"和"超前支护作业结束"是同一个流程图中的两个事件，直接相连后并无实际意义（图9-1）。一般而言，SOPCM的流程图中只有"……需求开始"和"……作业结束"两种状态，一般出现在流程图的开始和结束，中间状态的事件很少出现。

（2）功能、事件是主体，按照先后关系呈自上而下的布局。此项规则符合一般的作图及看图习惯，即按照流程的作业步骤顺序，由上到下进行绘制（图9-2）。

（3）相关制度放在流程步骤的左侧，作业人员放在流程步骤的右侧（图9-3）。

（4）作业表单的流入在流程步骤的左侧，作业表单流出在流程步骤的右侧，流入的表单放在制度文件下方，流出的表单放在作业人员下方。区分表单"流入"还是"流出"是根据现场作业时表单产生的时间节点区分的，若表单是在作业前已经产生，必须要参考和依据表单信息开展作业的，则这样的表单是"流入"；若表单是作业后填写的各种记录等，为后面的作业服务的，则这样的表单是"流出"（图9-4）。

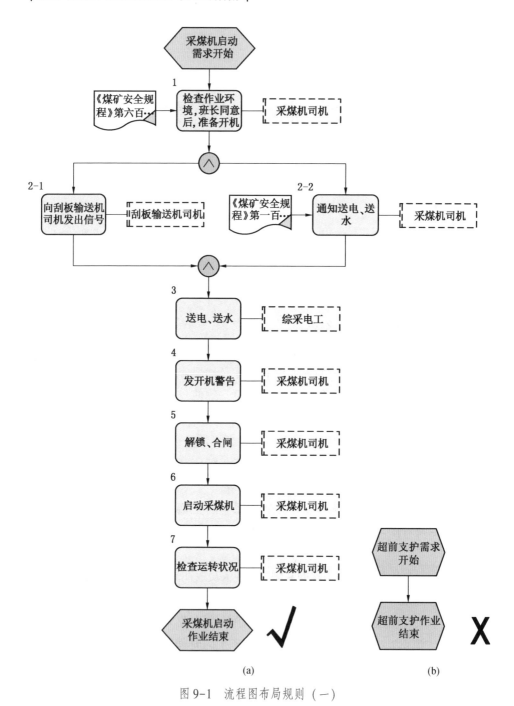

(a)

(b)

图 9-1　流程图布局规则（一）

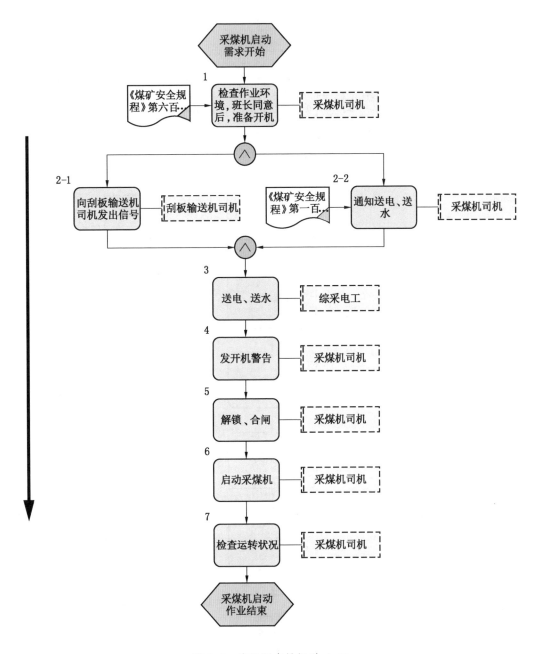

图 9-2 流程图布局规则（二）

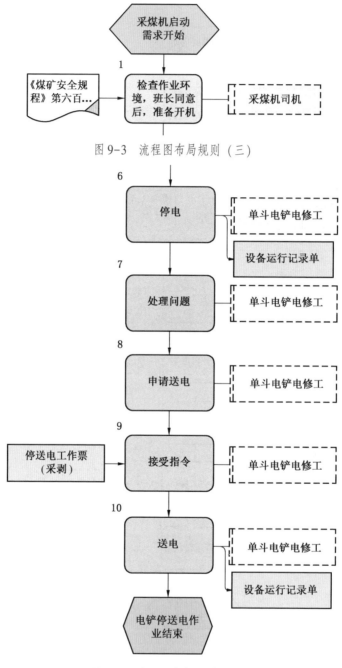

图 9-3　流程图布局规则（三）

图 9-4　流程图布局规则（四）

（5）并列的小步骤需横向同高度排列（图9-5）。

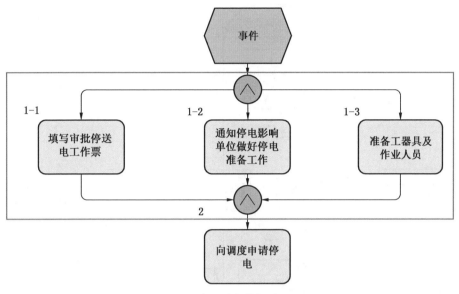

图 9-5　流程图布局规则（五）

（6）逻辑符后的功能不能省略；流程有多个分叉的，应突出主线；流程中的各个符号之间，距离相等（图9-6）。

二、连线规则

流程图的连线应满足4个要求：

（1）功能、事件和逻辑符号连接规则要求。对于"事件"和"功能"，最多只能有一个"进入"和一个"出去"连接（图9-7）。

功能和时间一般情况下是"单线"连接，一个事件只连接一个功能或者一个功能只连接一个功能，这就保证了在使用流程图时能够清楚知悉下一步骤的内容，若出现"一对多"或"多对一"的情况就会给使用者造成混乱，这种情况下就必须使用逻辑符进一步明确上下步骤之间的关系。

（2）流程分岔后再汇合时遵守的规则。对于'逻辑符'，只能有两种情形："单进多出""多进单出"；分岔和汇合必须使用同一个逻辑符号。逻辑符在绘制是"成对"出现的，如图9-8在与上一步骤连接的逻辑符是"单进多出"，而与下一步骤连接是"多进单出"，整体形成闭环，上下两个逻辑符也

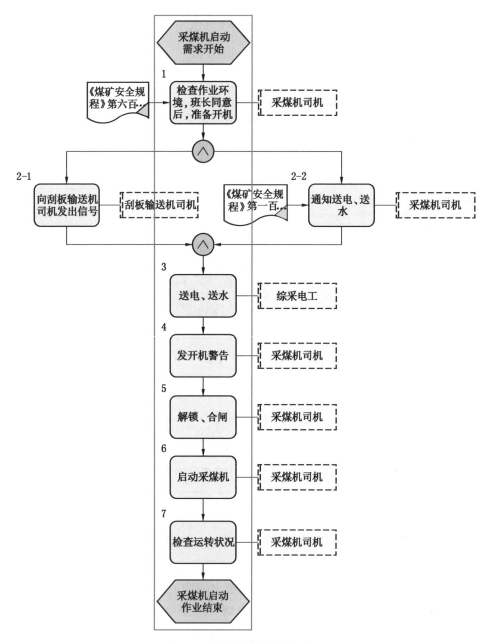

图 9-6　流程图布局规则（六）

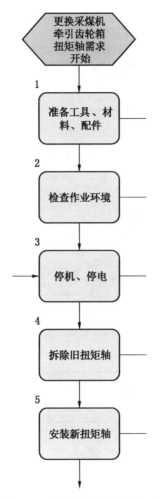

图 9-7 流程图连线规则（一）

必须一致。

（3）逻辑符号发生分支或分支合并时，连接点应在侧面；流程中出现的符号都要在符号四侧的中间点连线（图9-9）。

（4）多条连线指向同一个对象时，连线需要重合放置；而指向不同的对象时，连线就不能重合；连线不能交叉（图9-10）。

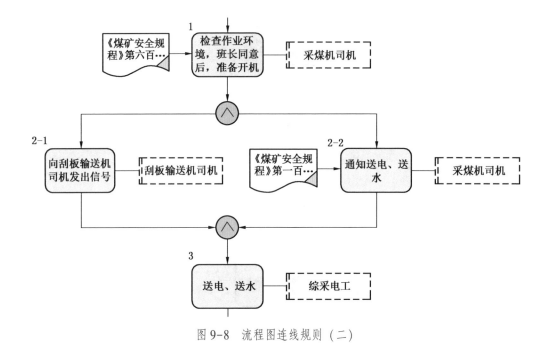

图 9-8 流程图连线规则（二）

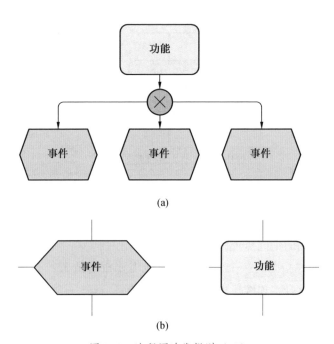

(a)

(b)

图 9-9 流程图连线规则（三）

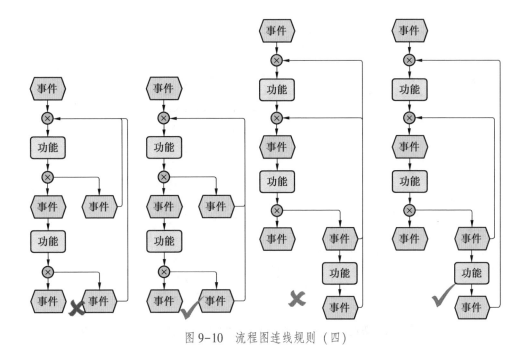

图 9-10　流程图连线规则（四）

第二节　建模方法和技巧

一、软件简介

1. 概述

Visio 是 office 软件系列中负责绘制流程图和示意图的软件，是一款便于 IT 和商务人员就复杂信息、系统和流程进行可视化处理、分析和交流的软件。使用具有专业外观的 Office Visio 图表，可以促进对系统和流程的了解，深入了解复杂信息并利用这些知识做出更好的业务决策。Visio 界面如图 9-11 所示。

2. 特点和优势

（1）能够创建具有专业外观的图表，以便理解、记录和分析信息、数据、系统和过程，以可视方式传递重要信息，就像打开模板、将形状拖放到绘图中以及对即将完成的工作应用主题一样轻松。

（2）通过多种图表，包括业务流程图、软件界面、网络图、工作流图表、

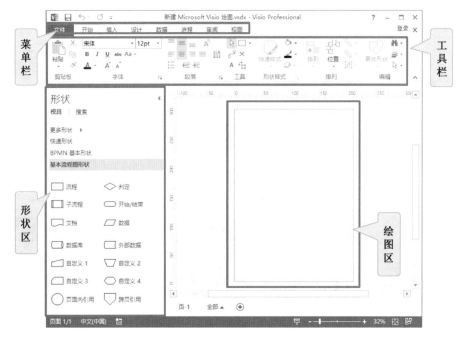

图 9-11　Visio 界面示意图

数据库模型和软件图表等直观地记录、设计和完全了解业务流程和系统的状态。可将图表链接至基础数据，以提供更完整的画面，从而使图表更智能、更有用。

（3）图表与数据集成。能够全面了解流程或系统，将数据连接至图表，并将数据链接至形状，使用直观的新链接方法，用数据值填充每个形状属性（也称为形状数据）来节省数据与形状关联的时间，同时具有强大的搜索功能，通过预定义符号来查找计算机上或网络上的合适形状，从而轻松创建图表。

（4）操作便捷，可与 Office 其他软件兼容。如无须绘制连接线便可连接形状，只需单击一次，自动连接功能就可以将形状连接、使形状均匀分布并使它们对齐，移动连接形状时，这些形状会保持连接，连接线会在形状之间自动重排。

（5）能够直观地查看复杂信息，以识别关键趋势、异常和详细信息。通过分析、查看详细信息和创建业务数据的多个视图，更深入地了解业务数据，确定关键问题、跟踪趋势并标记异常。

（6）使业务数据可视化。使用数据透视关系图，能够直观地查看通常以静态文本和表格形式显示的业务数据。创建相同数据的不同视图可以更全面地了解问题。

（7）与他人共享图表。将图表保存为包含导航控件、形状数据查看器、报表、图像格式选择和样式表选项的网页。通过浏览器使用 Visio 查看器可以从互联网上访问这些图表。

（8）自定义。通过编程方式或与其他应用程序集成的方式，可以扩展 Visio，从而满足特定行业的情况或独特的组织要求；同时能够开发自定义解决方案和形状，满足个性化使用需求。

二、软件安装

1. 配置要求

Visio 版本越高对电脑及系统配置要求越高，本书以 Visio2013 为例：

（1）计算机和处理器：1 Ghz 或更快的 64 位处理器（采用 SSE2 指令集）。

（2）内存（RAM）：1 GB RAM（32 位）、2 GB RAM（64 位）。

（3）硬盘：3.0GB 可用空间。

（4）显示器：图形硬件加速需要 DirectX10 显卡和 1024×576 分辨率。

（5）操作系统：Windows 7、Windows 8、Windows Server 2008 R2 或 Windows Server 2012。

（6）浏览器：Microsoft Internet Explorer 8、9 或 10；Mozilla Firefox10. x 或更高版本；Apple Safari5；或 Google Chrome 17. x。

（7）. NET 版本：3. 5/4. 0 或 4. 5。

（8）多点触控：需要支持触摸的设备才能使用任何多点触控功能。

2. 安装步骤和方法

Visio2013 安装方法简便，不需要太多设置，与一般软件安装方法相同。

第一步：打开"Visio_ Pro_ 2013"文件夹，双击"setup. exe"程序，开始进行 Visio 安装。

第二步：在"我接受此协议的条款"前打钩，点击"继续"，并在新出现的窗口点击"立即安装"（图 9-12）。

第三步：等待软件安装完成，约需 3~5min，安装完成后点击"关闭"，完成安装（图 9-13）。

图 9-12　Visio 安装示意图

图 9-13　Visio 安装示意图

三、建模操作

1. 启动

第一步：依次点击桌"开始""所有程序""Microsoft Office 2013""Visio 2013"（操作系统为 Windows 7），实际界面如图 9-14 所示。

第二步：选择"使用推荐的设置"，点击"接受，在新窗口点击"下一步"（图 9-15）。

第三步：启动软件后，点击"空白绘图"，选择"公制单位"，至此 Visio2013 就正常启动了（图 9-16）。

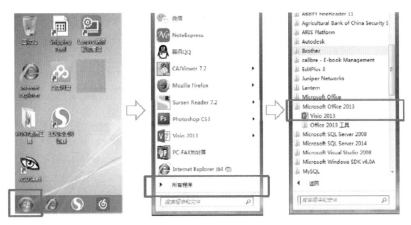

图 9-14　Visio 启动示意图（第一步）

图 9-15　Visio 启动示意图（第二步）

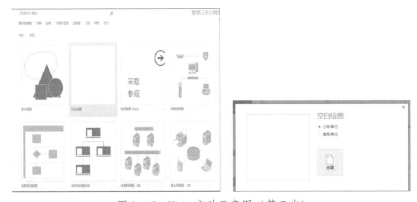

图 9-16　Visio 启动示意图（第三步）

2. 设置

第一步：点击"更多形状"，选择"打开模具"，选择"流程.vssx"文件，点击"打开"（图 9-17）。SOPCM 流程图的元素符号可以通过 Visio2013 提供的自定义模板功能制作绘图模板，这样绘图时只需要通过拖动模板中提前绘制好的图形进行绘图，极大提高绘图效率。

图 9-17　Visio 设置示意图（第一步）

打开模板后的界面如图 9-18 所示。

图 9-18　Visio 自定义模板图（第一步）

第二步：页面设置。点击菜单栏"设计"，在"页面设置"栏对纸张大小、方向等调整，一般选用 A4 页面，纵向，符合一般视觉及绘图习惯，可以通过页面范围提前预览流程图将来插入 Word 中的大小（图 9-19）。

第三步：视图设置。"显示"与"显示比例"所包含的设置选项根据绘图需

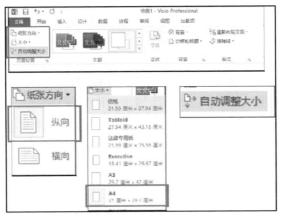

图 9-19　Visio 自定义模板图（第二步）

要选择，一般显现栏所有功能全选，有助于辅助绘图。"视觉帮助"栏的"动态网格""自动连接"以及"连接点"全选，并在右下角"对齐和粘附"选项中选择自动捕捉选项，如"中点""交点"以及"垂足"等（图 9-20）。

图 9-20　Visio 自定义模板图（第三步）

第三节　建　模　示　例

使用 Visio 进行流程图建模和绘制时，利用模板工具，可以将常用的图形进行组合并纳入在绘图模板中，可以大大减少绘图的重复工作，在熟悉 Word 等办公软件的前提下，流程图建模是一项较为简单的工作，主要工作就是根据流程步骤进行图形的拖拽和流程序号以及相关文字的填写。下面以采煤机启动标准作业流程为例进行说明。

绘图时，只需要流程工单中的序号、流程步骤相关灰度、作业表单以及作业人员这几项信息，因此可将其他与流图无关内容的删除，采煤机启动标准作业流程工单见表9-1。

表9-1　采煤机启动标准作业流程工单

序号	流程步骤	相关制度	作业表单	作业人员
1	检查作业环境	《煤矿安全规程》第一百三十五条		采煤机司机
2	检查采煤机	《煤矿安全规程》第六百四十七条		采煤机司机
3-1	向刮板输送机司机发出信号			采煤机司机
3-2	通知送电、送水	《煤矿安全规程》第一百一十七条		采煤机司机
4	送电、送水			综采电工
5	发开机警告			采煤机司机
6	解锁、合闸			采煤机司机
7	启动采煤机			采煤机司机
8	检查运转状况			采煤机司机

第一步，绘制流程事件图形。流程的事件一般只有两项，即"需求开始"和"作业结束"。因此将模板中的事件图形拖拽至绘图区域上部中央位置，并填写事件名称为"采煤机启动需求开始"（图9-21）。

图 9-21　采煤机启动标准作业流程绘图（第一步）

第二步，绘制流程步骤及序号。本例中，步骤 1 为检查作业环境，拖拽绘图模板中的功能图形，填写步骤内容和序号并用箭头与事件连接（图 9-22）。

图 9-22　采煤机启动标准作业流程绘图（第二步）

第三步，绘制作业人员。拖拽绘图模板中的作业人员图形，填写为"采煤机司机"并用横线连接（图 9-23）。

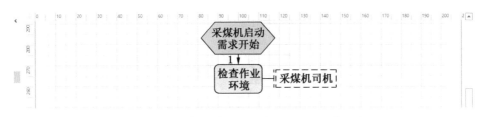

图 9-23　采煤机启动标准作业流程绘图（第三步）

第四步，绘制相关制度。拖拽绘图模板中的相关制度图形，填写为"煤矿安全规程第一百三十五条"，并用箭头连接（图 9-24）。

第五步，绘制其他步骤、作业人员及相关制度。参照第一至第四步骤的绘制方法，依次将其他内容绘制完成（图 9-25）。

第六步，绘制逻辑符号及相关内容。按照第二节中逻辑符号的绘制方法，绘制逻辑符号及有关内容（图 9-26）。

第七步，完成绘制。将剩余内容绘制完成后，检查无误，进行存档（图9-27）。

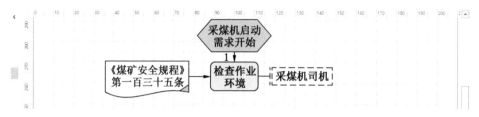

图 9-24 采煤机启动标准作业流程绘图（第四步）

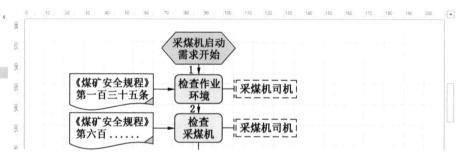

图 9-25 采煤机启动标准作业流程绘图（第五步）

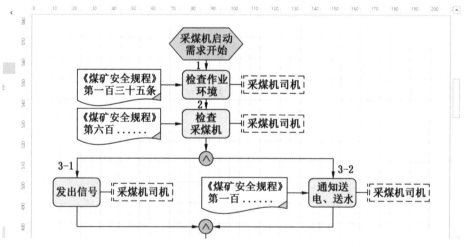

图 9-26 采煤机启动标准作业流程绘图（第六步）

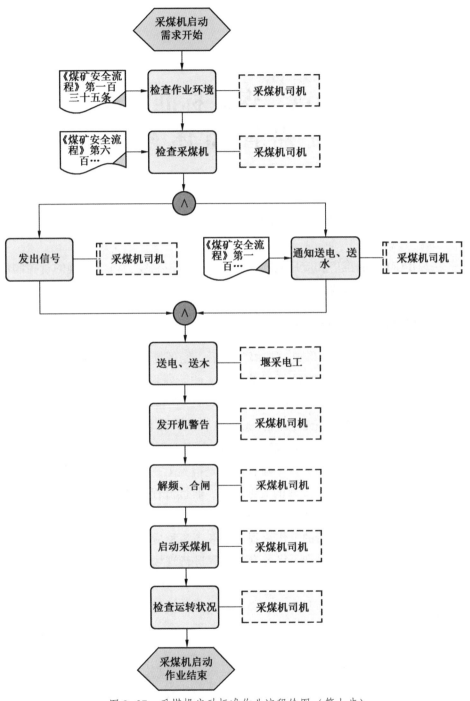

图 9-27 采煤机启动标准作业流程绘图（第七步）

第十章 煤矿标准作业流程管控体系

第一节 SOPCM 发布及应用流程

在 SOPCM 全面推广和应用之前应首先制定管控制度，科学合理的管控制度能够明确各环节的管理职责，提高 SOPCM 实施和应用效果。

一、SOPCM 发布流程

SOPCM 发布是在编制形成"初稿"之后，经现场作业人员试用和反馈，对 SOPCM 进一步修改、完善之后形成的终稿。此阶段形成的成果内容较为完善，同时经过现场试用之后具有较强的适应性，可以在整个集团公司或矿井全面发布，从而进入下一阶段的全面应用，SOPCM 的发布流程如图 10-1 所示。

SOPCM 发布阶段是在编制的基础上增加了流程试行、意见总结于反馈、修订完善以及流程发布 4 个环节，其中流程试行是检验上一阶段流程编制质量和广大现场作业人员对流程认识和理解的关键环节，通过流程试行可以使流程负责人对流程工作的整体情况有一个大致的了解和掌握，为下一阶段流程工作的及时调整和安排提供依据。流程试行的工作流程可以参考流程应用（图 10-2），主要内容是通过流程的初步学习和培训，将各专业流程进行现场实操，找出流程需要进一步完善和提高的部分。流程试行结束后，流程负责人应将收集的反馈意见进行归纳、汇总，并对所有反馈意见逐一审核，确定是否采纳，之后根据反馈意见再次对流程进行完善。流程完善之后形成流程"终稿"，可以进行全面发布和使用。

二、SOPCM 应用流程

SOPCM 的应用是流程工作的终点和目的，是流程发挥作用、体现价值的最

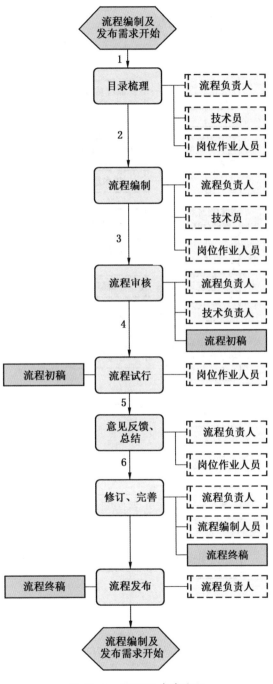

图 10-1 SOPCM 发布流程

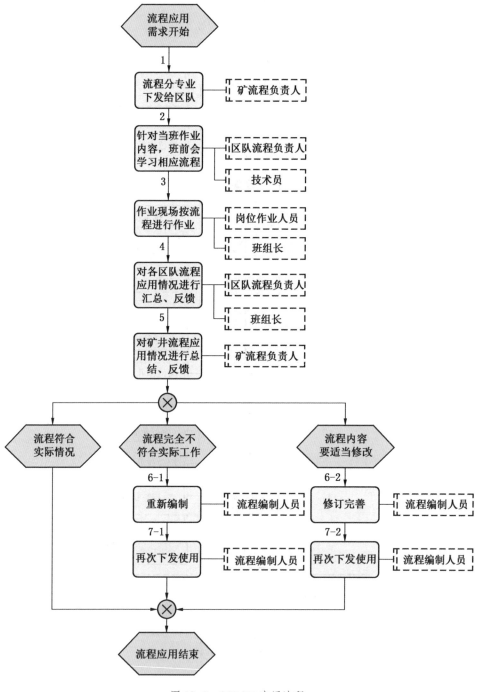

图 10-2 SOPCM 应用流程

重要环节，是一项煤矿现场生产和管理的日常工作，SOPCM 应用的工作流程如图 10-2 所示。

SOPCM 的学习和培训是应用中的重要环节，只有在熟练掌握和深入理解的基础上才能将流程应用在现场作业中，流程的学习和培训方法将在本书第六部分以案例形式详细讲解。流程的应用也是一个动态的过程，现场作业环境、设备以及人员等都会发生变化，这就需要现场作业人员及时反馈，再由流程负责人统一修订和完善，并将修订后的流程再次下发应用，确保流程的科学性和适用性。

第二节　SOPCM 管控体系内容

与其他管理体系类似，SOPCM 管控体系应涵盖基本管控原则、管控目标、组织架构、管控模式以及管控制度等内容，在设计 SOPCM 管控体系时须结合 SOPCM 的特点和煤矿企业自身的管理特点，构建出较为完善、成熟和高效的管控体系。

一、管控原则

（1）重实效。管控体系的建立是为了保障流程在现场的落地，体现流程在作业标准的形成、安全管理和提高员工技能水平方面的发挥的实际作用，所以，管控体系的核心理念就是重实效。

（2）高标准。流程不仅在企业内部应用，而且在整个煤矿行业都具有推广价值；不仅是企业内部针对操作岗位的工作标准，还要成为煤矿行业的工作标准。所以，管控体系在保障流程应用的同时，也是提升流程质量水平的关键因素，要坚持管控体系和内部因素实施的高标准。

（3）强基础。管控体系有效执行的基础就是组织职能的实现，制度设计合理，创新技术实用，文化宣传得力，没有这些管控的基础工作，管控体系就不能实现预先的管控目标。

二、管控目标

管控目标即煤矿标准作业流程管控体系要达到的目的，也是深入推广应用煤矿标准作业流程的出发点和落脚点。它以保障安全生产、提升效率效益和提高员工素质和能力为主，突出了煤矿标准作业流程的应用作用及发挥的功效。所以，体系建立的管控目标为实现流程在实践应用、优化完善、绩效考核和管控理念等方面的高效执行，发挥流程在作业标准执行、员工技能水平提高和安全管理上的积极作用。

三、组织架构

组织架构是指一个组织整体的结构。是在企业管理要求、管控定位、管理模式及业务特征等多因素影响下，在企业内部组织资源、搭建流程、开展业务、落实管理的基本要素。SOPCM 主要涉及煤矿生产和安全，主要使用人员为现场一线员工，在实施管控时应以生产和安全管理部门为主，在进行组织架构的设计时也应以牵头管理的部门组织架构为基础。以某集团公司为例，为保证煤矿标准作业流程的应用效果，提升应用水平，成立以总经理为领导小组组长，生产管理部为直接管理的职能部门，各单位为具体实施单元的线性组织机构，各单位根据流程的分类成立相应级别的工作组，以提升日常事务处理的快速响应能力。SOPCM 管控体系组织架构示例如图 10-3 所示。

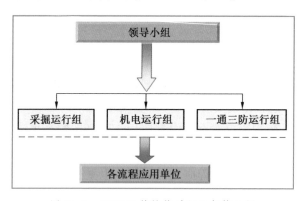

图 10-3　SOPCM 管控体系组织架构示例

四、管理制度

管理制度是流程管控体系管控目标实现的基本手段，也是管控体系本身的重要组成部分。管理制度应明确各级管理人员的权责分工、绩效考核，是管控体系得以具体落实的书面文件。SOPCM 管理制度应规定流程的编、审、发、学、用、查等各环节的管理办法，指定了专门的领导机构和职能部门进行管理，并明确管理对象和考核内容。同时 SOPCM 还应根据使用单位的具体情况和管辖范围分级制定，若 SOPCM 是在整个集团层面开展的，那么集团应首先制定整体管控制度框架，下属的厂矿、班组直至区队则可以在上级管理制度的基础上制定了适用于指导现场应用的管理办法，保证流程在编、审、发、学、用、查等各环节的管理责任得到层层落实，保证管控系统的完整性。

五、信息化平台

流程的应用离不开流程信息载体，当今时代的各种电子产品和通信手段已得到了极大的发展，并呈现"无纸化"趋势。为提升流程的应用水平，加快流程的编、审、发、学、用全环节应用速度，方便流程学习，便于对流程的信息数据进行统计分析，应尽量建立了流程信息管理平台。流程管理系统应包括流程管理、流程宣贯、流程执行、流程评价、用户主页、系统管理及移动应用等主要功能模块，围绕流程的"编、审、发、学、用、评"等业务进行闭环管理，支持各层级管理与应用。

第三节　SOPCM 管控模式

一、模式概述

根据流程应用范围不同可以采用不同的管控模式，若以矿井为单位开展流程编制和应用，由于涉及的人员相对较少，在制定好流程的管控内容之后，直接推广应用即可；若以集团公司为单位开展，由于下属子分公司较多，涉及的煤矿或选煤厂单位较多，各矿厂相同岗位的现场作业由于地质环境、设备等存在一定差异，为便于统一编制标准和思路，可以在集团层面编制具有普适性的基础流程，然后将基础流程下发，下属矿厂则根据自身情况进行挑选和匹配，并进一步细化和完善，形成适合本矿厂使用的执行流程。

因此，若在矿井层面进行管控，则主要考虑现场人员的学习、培训、应用以及考核等方面的管控内容，若在集团公司层面进行管控，则要从整个集团的角度出发，制定的管控内容应以基础流程为中心，以指导性为原则，为下属单位提供管控依据。

以某集团公司 SOPCM 管控为例，公司制定出了"4+1"流程管控模式（图

10-4)，"4"即公司、矿井（中心）、区队（厂区）、班组四个层级管控煤矿标准作业流程整体工作，"1"即一个煤矿标准作业流程管理系统。公司、矿井（中心）、区队（厂区）、班组四个层级依托煤矿标准作业流程管理系统开展流程管控工作，实现日常管控具体措施的落实，保证流程应用效果，积极发挥流程在规范作业和安全管理中的作用。

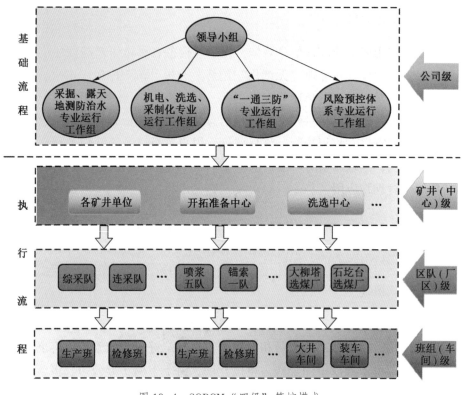

图 10-4 SOPCM "四级" 管控模式

（一）四级管控

1. 公司级管控

1）组织保障

成立了公司流程管控领导小组，组长由公司总经理担任，副组长由分管生产副总经理担任，成员由生产管理部、机电管理部、通风管理部、安监局负责人，各矿矿长，洗选中心主任，开拓准备中心主任，生产服务中心主任，检测公司经理，地测公司经理，新闻中心主任组成。

领导小组主要职责如下：

（1）主要负责在流程运行过程中给予人、财、物支持；协调解决流程在运行期间出现的各类重大问题。

（2）负责培训管理，包含公司流程培训制度建设、计划编制及组织实施等工作，明确培训目标、任务、内容和要求等，按计划对相关人员进行培训。

（3）负责审查、上报管理，组织执行流程的编制和修订工作，每半年向集团公司上报标准流程修订和增补意见；负责应用管理，制定公司流程应用管理制度，并监督执行。

（4）指导下属各矿（厂）流程应用，并进行检查和督导，确保流程落地。

（5）负责检查考核，制定流程考核制度，对下属各矿（厂）流程培训、应用、意见收集和反馈等进行考核，检查考核工作每季度一次，结果在公司内通报。

2）制度保障

负责制定流程及公司级流程库建设管理办法，管理流程的编制审核发布，不断完善制度标准，促进标准作业流程推广应用工作有序开展，不断提升岗位标准作业流程推广应用的执行力，进一步规范了流程管理，为流程深入推广应用提供了制度保障。

3）机制保障

将流程管理纳入到公司"五型"企业和风险预控体系管理制度中，建立健全培训机制、监督机制、考核机制、奖罚机制和沟通、反馈机制，分析流程使用效果、指导后续改进，不断提升标准作业流程推广应用的行动力。

2. 矿井（中心）级管控

1）组织保障

成立了矿井（中心）级流程管控领导小组，组长由矿长（中心主任）担任，副组长由生产副矿长（中心分管生产副主任）担任，成员由生产、机电、通风、安监、企管、财务、工会等有关部门负责人组及各区队长组成。

矿井（中心）级流程管控领导小组主要职责如下：

（1）应用管理：负责制定执行流程实施细则及应用考核管理办法，并监督执行；选择适用本单位的标准流程，进行人、岗、流程匹配，并在执行过程中结合现场实际情况细化流程内容；负责收集和审查标准流程和执行流程修订、增补意见，每季度向子分公司上报；组织开展达标、评比活动，制定奖励办法；配合上级流程管理机构完成其他相关工作。

（2）培训管理：负责本单位常态化的执行流程培训制度建设，建立矿（厂）、区队和班组三级培训管理体系；负责流程培训计划编制，并按计划组织实施；根据生产需要，利用班前会开展流程培训；积极推广应用移动 APP、二维码、微信公众账号和云盘等信息化学习手段。

（3）检查考核：负责制定流程考核制度，对作业人员流程学习、执行情况进行考核。定期对流程的应用进行检查和评比，结果在本矿（厂）内通报。

2）制度保障

制定矿井（中心）级流程管控及流程库建设管理办法，完善相关规章制度，为煤矿标准作业流程在矿井深入应用奠定基础。同时制定执行流程编制办法，保证执行流程科学合理适用。

3. 区队（厂）级管控

1）组织保障

成立了区队（厂）级流程管控工作组，组长由区队（厂）长担任，副组长由区队（厂）支部书记担任，组员由区队（厂）办事员、流程建设管理员、技术员等组成。

区队（厂）级流程管控工作组其主要职责如下：

（1）负责流程培训及宣贯，并定期考核检查，考核本队员工的流程掌握情况。

（2）制定区队（厂区）执行流程，并报矿井（中心）备案。

（3）负责搜集本单位的定期写实及反馈意见，了解员工对流程的认识和建议，随时逐级反馈意见，便捷地查阅使用流程，并进行优化意见反馈。

健全本单位流程考核制度，并定期考核检查，倒逼流程落地生根。

2）制度保障

制定区队（厂区）级流程应用管理的管理办法、实施细则及相关注意事项，确保了流程在区队（厂区）推行顺利。

4. 班组（车间）级管控

1）组织保障

成立了班组（车间）级流程管控执行组，组长由班组（车间）长担任，副组长由班组（车间）副班长担任，组员由各工种主检修等组成。

班组（车间）级管控工作组其主要职责如下：

（1）主要负责执行具体流程，同时根据工艺及设备差异，记录流程应用情况并及时反馈，优化完善流程并上报备案。

（2）加强员工流程学习，开展多样化培训，将流程的推广应用活动贯穿于员工的"班前""班中""班后"，指导员工编制流程口诀、制作易记便携卡、提交学习心得体会、标注流程重点注意事项。通过自己动手提高流程掌握程度，培训员工掌握流程知识，要求其能在实际作业环境下积极应用流程，并提升自身工作技能水平。

（3）严格考核员工流程应用水平，若发现员工不按照流程操作，即严格加以处罚。

2）制度保障

根据本班组（车间）实际情况，制定严格的考核细则，督促员工按照流程作业，对于流程执行好的员工进行奖励，对流程执行较差的员工进行重点关注、重点培训、重点考核，督促其弥补短板，强化学习。

（二）一个系统

一个系统指煤矿标准作业流程管理系统，该系统是支撑煤矿标准作业流程推行的有效信息化管理和应用手段。煤矿标准作业流程管理系统以支撑标准作业流程的管理与应用为目标，提供 Web 应用、移动终端应用，满足集团、子分公司、煤矿建立流程创建与修订、审批、执行管控的需求，满足一线员工的学习、培训及规范操作、保障安全，为管理人员和一线员工提供实时的应用支持。通过信息化管理和应用，更好的发挥标准作业流程的效果，以信息平台为基础，实现员工操作、技术、经验的固化共享，消除技术封闭的弊端，提高员工技术素能，提高安全作业保障程度和工作质量，从而整体提升企业的生产管控水平。

该系统以组织、制度、技术为保障，通过建立流程的编、审、发、学、用、评闭环管理平台，实现流程、人、岗匹配，支撑流程细化、便捷学习、执行落地；实现作业经验和技术共享，缩短员工技能成熟时间；实现流程与本安体系融合，保障作业安全。

二、"四级"管控模式特点

"四级"管控模式的特点有：

（1）可执行性强。煤矿标准作业流程管控模式目标明确、措施得当、配套制度及机制完善，且管控紧密结合作业现场实际，对症下药，具有较强的针对性。因而该管控模式易于被员工认可、理解和接受，可执行性强。

（2）可优化性强。煤矿标准作业流程管控模式针对当下作业现场实际而提出，而随着煤矿开采条件的不断变化、工艺不断进步、员工素质不断提升、智能化设备的引用及政策导向的变化，流程管控模式需要不断优化完善更新之处较多。因而煤矿标准作业流程管控模式可优化性强，需要不断结合实际提升更新，进而发挥其自身作用。

（3）可推广性强。煤矿标准作业流程管控采用分层级的形式进行，且层级按照公司、矿井、区队、班组划分，该划分标准在煤炭行业具有普遍性，且该管控模式易于灵活把控管控各环节，因而可推广性强，适用于煤炭行业的企业进行流程管控，也可为其他煤炭企业流程管控提供参考和借鉴。

三、"四级"管控运作方式

"四级"管控运作方式如图10-5所示，具体的动作方式如下：

（1）运作流程。流程管控体系的具体执行主要体现在四个层级的责任落实，集团公司负责制定管理办法，掌握流程的执行情况，分析流程的使用效果，指导流程的各项工作持续改进和提升。矿井负责流程的编制、审核与管理，制定流程的学习培训计划，督促落实流程在生产现场的应用。区队落实厂矿下发的各项任务，协助厂矿对流程进行编制，增加和补充，将数据补充到流程作业数据库中，进行初审，上报批准后发布。班组负责流程在现场的有效执行，对流程的标准执行进行现场监督和反馈。

（2）管理重点。管理体系的高效执行在于公司管理层的重视和对整个管理体系的规范指导，但流程的应用效果取决于具体负责落实各项制度的矿井（厂）和区队的管理，流程在应用过程中的评价、培训、学习和宣传是保证流程落地的直接手段。所以，在矿井（厂）及区队的流程管理中，推出了多样化的学习方式，如移动终端、技能竞赛和班组对标。采用了多种评价考核方式，如现场提问，定期答题，推进标准化检修工作等。

（3）反馈机制。执行流程的特点就是要通过不断的细化来符合生产现场的实际环境并逐渐适用于不同的生产环境，执行流程既是生产现场作业经验的提炼，又是流程理论的具体实现，这个过程需要把生产现场出现的新问题、新情况梳理出来，增补到流程中去，流程编制和审核人员根据流程基本原理来进行总结和发布，使之适用生产现场，这就反映了管控体系的反馈机制。作业人员既执行流程，又是流程的发现者和创造者。管控体系的高效运行离不开反馈机制的有效性。

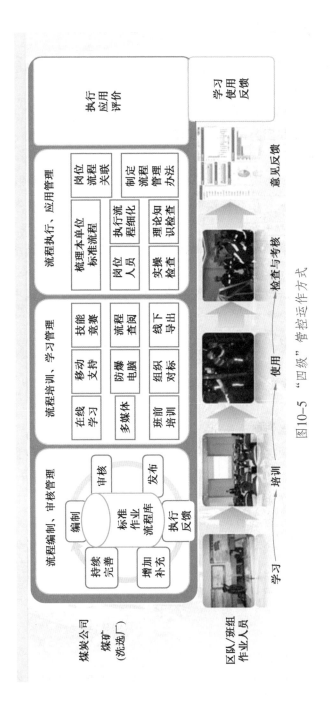

图10-5 "四级"管控运作方式

四、管理制度示例

结合前述流程管理的基本思路和理念，通过实例展示不同层级单位的流程管理制度在制定时的区别和重点。

（一）公司级流程管理制度

【例10-1】某集团公司流程管理制度

第一章　总则

第一条　为加强集团公司《煤矿标准作业流程》（以下简称《作业流程》）的应用管理、保障《作业流程》的贯彻执行，根据集团《煤矿标准作业流程管理办法》要求，制定本办法。

第二条　本规定所称的《作业流程》，是指进入流程管理系统（以下简称《管理系统》）中编制、发布的煤矿、选煤厂岗位标准作业流程。

第三条　本办法适用于集团各矿井、生产服务中心、洗选中心等相关二级单位。

第二章　组织与管理职责

第四条　组织机构

（一）成立《作业流程》运行领导小组

组　　长：总经理

副组长：分管生产副总经理

成　　员：生产管理部、机电管理部、通风管理部、安监局负责人，各矿矿长，洗选中心主任，生产服务中心主任，地测公司经理，新闻中心主任。

管理职责：负责在《作业流程》运行过程中给予人、财、物支持；协调解决《作业流程》在运行期间出现的各类重大问题。

领导小组下设办公室，办公室设在生产管理部，负责《作业流程》在运行过程中的具体协调工作。

（二）成立《作业流程》运行工作组

1. 采掘、露天、地测防治水专业运行工作组

组　　长：生产管理部经理

责任部门：生产管理部

管理职责：负责综采设备、掘进设备、露天采剥、地测防治水操作类的作业流程的运行推广工作；检查指导各单位的推广应用情况；协调解决各矿井及

相关辅助单位在运行过程中出现的问题；定期组织召开例会，汇总收集整理各矿反馈的意见；负责制定年度流程重点工作推进计划；按季度对流程的推广应用情况进行总结；负责流程管理系统的运行、维护、审批、发布等工作。

2. 机电、洗选、采制化专业运行工作组

组　　长：机电管理部经理

责任部门：机电管理部

管理职责：×××。

3. "一通三防"专业运行工作组

组　　长：通风管理部经理

责任部门：通风管理部

管理职责：×××。

4. 风险预控体系专业运行工作组

组　　长：安监局局长

责任部门：安监局

管理职责：×××。

(三) 基层单位成立《作业流程》运行工作组

1. 各矿井、地测公司、开拓准备中心、生产服务中心、洗选中心要建立以一把手为组长的《作业流程》运行组织机构，明确岗位职责，制定相应的管理办法，对系统运行工作进行规范和考核。

……

6. 配合运行工作组完成其他相关工作。

第三章　《作业流程》应用管理

第五条　各矿井和相关辅助单位以《集团煤矿标准作业流程管理办法》为基础，制定本单位《作业流程》实施细则，开展应用工作。

……

第五章　附则

第十九条　本办法由集团#部负责解释。

第二十条　本办法自下发之日起施行，原办法同时废止。

(二) 矿井级流程管理制度

【例10-2】某矿流程管理制度

第一章　总则

第一条　矿井 2018 年《煤矿标准作业流程》（以下简称《流程》）工作的总体方针为强化班组自主管理，深度融合危险源与不安全行为、精益化、故障处理流程，围绕《流程》开展岗位技能提升培训，保障作业安全。

第二章　组织机构与职责

第二条　《流程》管理领导小组

组　　长：矿长

常务副组长：生产副矿长

副组长：机电副矿长、总工程师、安全副矿长

成　　员：生产副总工程师、机电副总工程师、通风副总工程师、技术副总工程师、各科室区队主要负责人

职　　责：负责制定《流程》管理的方针，审核《流程》管理相关制度和奖罚，提供贯彻《流程》所需人、财、物的支持，解决《流程》管理过程中出现的各类重大问题。

第三条　《流程》管理领导小组下设五个专业工作组，分别为采掘专业工作组、机电专业工作组、"一通三防"专业工作组、地质防治水专业工作组和风险预控专业工作组。明确部门主任或组长为《流程》负责人，另需指定一名《流程》推广员。

……

第十一条　其他未按时按要求完成的工作，对责任人每项罚款××元。

第五章　附则

第十二条　本办法最终解释权归矿井。

第十三条　本办法自下发之日起执行。

第十一章　煤矿标准作业流程
管　理　系　统

第一节　系　统　架　构

SOPCM 的高效应用和管理必须借助信息化系统，SOPCM 管理本质上是数据的更新、匹配、流动以及应用，开发流程管理系统可以对流程数据统一管理，确保流程在执行过程中的规范性，同时可以对流程匹配、学习、宣贯、反馈以审核等各环节进行量化管理，极大促进流程的实施效果。

一、总体架构

流程管理系统分为数据层、服务层、表现层三个层面。以流程管理、宣贯、执行、评价、反馈等为核心业务需求，构建了 SOPCM 管理系统功能架构（图11-1）。

（1）数据层：包括标准作业流程数据库、人力资源主数据、文档数据、多媒体数据、安全管理相关数据。业务数据和流程数据以视图和数据表的方式进行存储，文档数据存放路径使用数据表，文档内容以文档目录方式存储，两者一一对应。标准作业流程的编制是通过编制软件完成的，组织、人员数据来源于企业 ERP 中的人力资源管理系统，风险预控数据来源于企业本质安全管理系统。

（2）应用层：以标准作业流程管理为基础，围绕其"编、审、发、学、用、评"为主线，实现标准作业流程的全过程应用和管理。首先由使用层提出标准作业流程的编制申请、由上级管理部门审核，借助编制形成流程图及流程数据，形成流程库并推送至标准作业流程管理系统。各使用人员可以对所有流程进行查阅和学习，各级组织也可以组织培训、考试，提高学习效果。流程技术员将

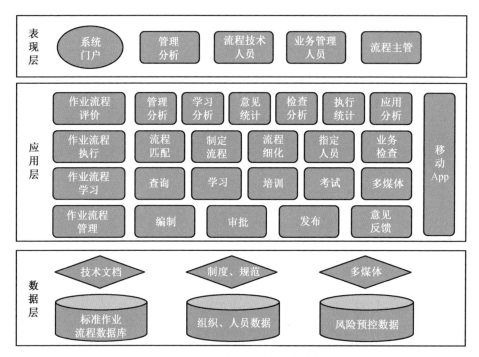

图 11-1　SOPCM 管理系统架构图

标准作业流程结合现场工况进行细化后匹配给作业人员执行，现场检查其操作及理论知识并录入系统。系统将以上各过程的数据按组织层、不同阶段汇总成表，辅助各管理层级优化、提升标准作业流程的管理与应用。全业务过程实现移动 App 应用。

（3）表现层：标准作业流程管理系统的门户，包括公司、矿井（中心）、区队（厂）、班组（车间）管理人员和作业员工可进入系统进行业务操作。各层级用户按照职责、权限分别设定不同的门户展现内容。

二、功能架构

SOPCM 管理系统主要包括流程管理、流程宣贯、流程执行、流程评价、用户主页、系统管理及移动应用等主要功能模块，围绕标准作业流程的"编、审、发、学、用、评"业务的闭环管理，支持各层级管理与应用。管理系统功能结构如图 11-2 所示。

（1）流程管理。该模块主要功能应包括流程编制、审核、发布，用户在线

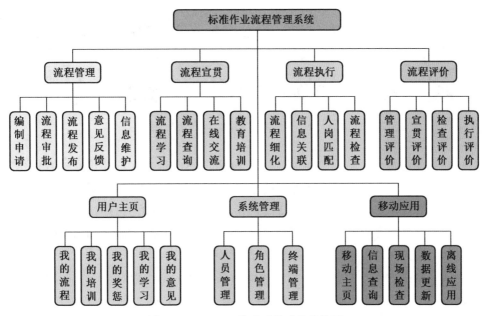

图 11-2　SOPCM 管理系统功能结构图

意见提交和审核，信息维护等。该模块应满足用户对流程增补、修订的业务管理需要，也应对用户提出的意见进行汇总管理，实现与流程相关的各类制度资料、音视频文件、专家库等信息的统一管理，是系统数据的基础管理模块，是标准作业流程持久生命力的保障。

（2）宣贯。该模块主要功能应包括流程学习、流程查阅、交流、培训记录等。用户应通过该模块学习流程、观看各类视频文件、查阅流程相关的事故案例分析报告，掌握与流程相关的危险源及管控措施，提升个人技能、增强安全生产意识。该模块是员工实现"应知、应会、应用"三个跨越，形成规范的作业行为的基础。

（3）流程执行。该模块主要功能应包括流程细化、信息关联、人岗匹配、流程检查等功能。管理者通过该模块将"基础流程"与现场工况结合、与作业相关的风险预控管理相结合，转化为符合现场应用的"执行流程"，并实现与作业人员的合理匹配后，通过 PC、短信、移动终端等方式自动派发给作业人员，实现"上标准岗、干标准活"的管理目的，并通过流程执行检查对执行效果进行跟踪。本功能是流程落地的关键环节，具体如图 11-3 所示。

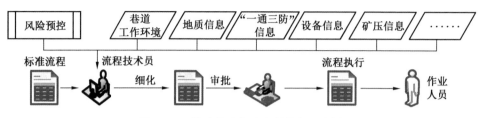

图 11-3　煤矿基础作业流程执行示意图

（4）流程评价。该模块主要功能应包括管理评价、宣贯评价、检查评价、执行评价等。该模块汇总各业务模块中的数据，基于业务分析和行为分析，分析结果，平衡管理过程，达到"持续优化流程、改进提升管理"的目的。支持各级管理人员对流程业务过程更细粒度的数据评价分析，为流程管理业务的决策提供依据。该模块是流程闭环管理的重要体现。

（5）移动应用。该模块主要功能应包括信息查阅、现场检查、数据更新、离线应用等。该模块旨在解决应用单位信息化设备不足、传统方式流程应用效率不高、最新流程无法及时下发到作业人员手中等应用难点，打通流程应用在"最后一公里的"障碍。使用者应随时随地在线、离线使用系统。作业人员主要是离线或在线学习流程、反馈意见。管理人员主要是流程查阅、意见审核、现场检查、业务评价等。

（6）系统管理。该模块主要功能应包括人员管理、角色管理、终端管理等。该模块主要是实现对各级管理人员、作业人员的范围确定、职责权限确定、跟踪移动端 App 应用等功能。

（7）用户主页。该模块主要功能应包括登录用户个人业务展现，如我的流程、我的培训、我的奖惩、我的学习、我的意见等，各层级管理人员和作业人员各有不同，是用户的门户展现。

第二节　移　动　应　用

为了打通流程应用在"最后一公里的障碍"，实现流程覆盖海量矿工，解决信息化设备不足、传统信息传递方式局限、应用效率不高、流程需及时下发和更新等难点，开发了移动流程移动应用。移动应用对象包括管理人员和作业人员两类，不同用户对应不同移动功能，管理人员和作业人员是通过人员角色关联和角色人员管理来区分的。移动功能界面如图 11-4 所示。

图 11-4 移动功能界面

一、意见审核

流程审核是对所管辖专业上报的意见进行审核，审核业务主要在井工矿一级和选煤厂一级等专业进行。井工矿一级专业包括采煤、掘进、机电、运输、一通三防、地质测量、探放水；选煤厂一级专业包括分选、运输、筛分破碎、脱水、装车、集控、生产辅助、检修通用。意见审核业务可以使用管理系统审核，也可以使用移动端审核，移动端审核数据需实时更新到管理系统中。移动系统登录及意见审核意见如图 11-5 所示。

二、查阅流程

在线流程查阅为流程作业人员和流程管理人员在线状态下查阅流程功能，查询流程内容包括流程详细信息、流程关联信息、安全规程、操作规程、危险源、不安全行为等信息。流程查阅及反馈界面如图 11-6 所示。

图 11-5　移动系统登录及意见审核界面

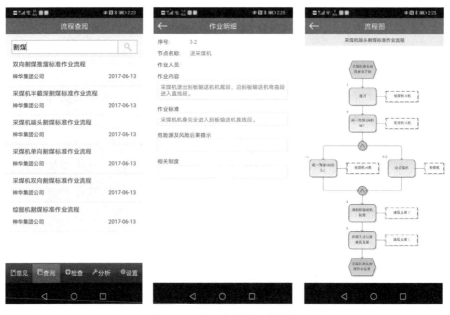

图 11-6　流程查阅及反馈界面

三、流程检查

现场检查和理论检查是为各级流程管理作业人员在线状态下，通过询问，了解当前被检查对象对作业流程和流程关联知识掌握情况而设计的功能，并将检查结果通过移动端发送到服务端过程。流程检查界面如图 11-7 所示。

图 11-7　流程检查界面

四、统计评价

统计评价为流程管理人员选择一个或者多个单位，根据不同维度比较系统整体流程编制、学习、培训、执行、检查等情况。统计结果包括"表格形式"和柱状图等。流程统计评价界面如图 11-8 所示。

五、系统设置

为客户端用户方便使用系统安排了设置功能，该功能包括软件意见反馈、软件升级、退出系统。流程系统设置界面如图 11-9 所示。

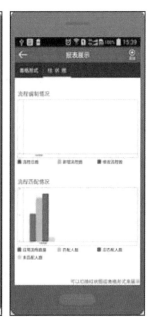

图 11-8　流程统计评价界面

图 11-9　流程系统设置界面

第十二章 执 行 流 程

第一节 基础流程与执行流程

执行流程是经过细化、完善之后供现场员工使用的流程，与流程有关的培训、学习、应用和反馈等都是以执行流程为基础展开的。

一、内涵

（1）基础流程是指经审批通过在全公司范围发布的煤矿标准作业流程，基础流程是企业标准，对公司岗位作业有普遍指导意义。

（2）执行流程是各矿井（中心）、区队（厂）的执行标准，是在基础流程的基础上，根据作业现场实际情况，经过细化补充演化而来的，是对基础流程的进一步细化，其形成过程如图 12-1 所示。执行流程一般由矿井（中心）单位编制，适用于矿井（中心）、区队（厂）的具体作业环境。

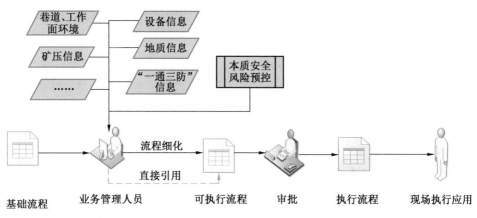

图 12-1 执行流程形成过程示意图

二、区别及联系

（一）共同点

（1）两者要求相同。深入推广应用煤矿标准作业流程，需要各层级管控机构互相配合、相互协调、全员参与，只有这样才能将推广应用工作各环节梳理顺畅，进而保证流程顺利实施。基础流程和执行流程都有核心内容和重点环节，在推广应用时需要运用"抓住牛鼻子"思想，做到抓住重点和关键环节，克服推广过程中的急、难、险、重等问题，进而推动流程落地生根。

（2）两者特征相同。基础流程和执行流程核心内涵来源于流程管控理念和标准化理念，因而基础流程和执行流程都有着讲求程序和标准化的特征。基础流程和执行流程都是应用于煤矿作业现场，因而基础流程和执行流程的编制都需要从作业现场实际出发，都要符合作业规律。同时，煤矿作业是一个系统工程，进行流程管控时需要对作业各环节进行把控，因而基础流程和作业流程都需要遵循 PDCA 闭环管理原则，做到全方位、多角度管控，进而推动流程实时更新完善和有效落地。

（3）两者作用相同。基础流程是构筑煤矿安全生产的基础工程、效益工程和生命工程，而执行流程是标准流程在作业现场的具体应用和延伸细化，两者都有保障安全、提高效率、有效管理、固化经验、知识共享、树立形象的作用。

（二）区别

（1）两者定位不同。基础流程是企业标准，对公司岗位作业具有普遍指导意义；而执行流程是各矿井（中心）单位、区队（厂）和班组（车间）的执行标准，是结合作业现场实际情况对标准流程的进一步细化，通过人、岗、流程匹配，由现场作业人员具体执行。基础流程属于指导层，而执行流程属于业务层和作业层。

（2）两者应用范围不同。基础流程在整个行业应用具有普遍指导意义；而执行流程只在矿井（中心）、区队（厂）和班组（车间）三个层级应用，因而标准流程应用范围更广。

（3）编制过程和质量要求不同。基础流程的编制以公司下发的指导流程为主体，编制出具有普遍指导意义的作业流程，编制过程要统筹兼顾各个矿井（中心）单位的情况，避免出现冲突，注重指导性。执行流程的编制以各个矿井（中心）单位为主体，编制出符合各个矿井（中心）单位工作现场实际情况的流程，注重现场可操作性。基础流程是参考操作规程、作业规程、安全技术措施等理论编制；执行流程是按照现场实际情况写实编制而成，因此编制质量更高，对作业现场的指导意义更强。

综上所述，基础流程对公司岗位作业具有普遍指导意义，而执行流程是在基础流程的基础上，根据作业现场实际情况，经过细化补充演化而来的，是结合矿（厂）现场实际情况对标准流程的进一步细化。虽然两者内涵、应用范围及定位有所不同，但两者的作用、具体要求和发挥的作用都是相同的，都是助力世界一流示范煤矿建设的有效抓手和工具。

基础流程与执行流程既有共同点又有区别，两者关系分析见表12-1。

表12-1　基础流程与执行流程的关系分析表

名称	基础流程	执行流程
定位	公司级流程	矿（厂）、区队级流程、岗位级流程
层级	指导层	业务层、作业层
要求	全员参与、抓重点和关键环节	
特征	程序、作业、标准化、遵循 PDCA	
目标	推动岗位作业标准化，保障安全生产、提高作业效率	
要素	技术、装备、工艺、作业质量等	
作用	保障安全、提高质量效率、有效管理、固化经验、知识共享、树立形象	

第二节　执行流程的应用程序

一、应用程序

经过写实后的执行流程首先开展流程培训，利用班前会以及三级模块培训等形式，使员工熟练掌握，其次对培训效果进行考核。执行过程中对作业现场的流程执行情况进行再写实，对不符合现场实际的内容进行修改完善，完善后的流程继续在现场推广使用。通过这种闭环的形式，使流程在推广应用的同时不断完善。

将执行流程与生产实际相结合，不断查找问题和缺陷，构建了"学习—应用—改进—反馈—修订—发布—再学习—再应用"的持续改进循环机制（图12-2）。

图 12-2　流程优化循环机制

各层级管理人员可定期进行标准作业流程管理与应用评估，既为考核工作提供量化数据，也为标准作业流程本身持续优化提供依据。同时持续地组织参与流程编制的专家和技术人员对标准作业流程进行阶段性修订和补充完善，不断优化内容，最大限度地贴近实际工作需求，使得标准作业流程永葆先进性和适用性。

二、应用方法

（一）流程反馈

反馈是流程优化和完善的重要依据和基础，根据流程的执行过程中，各个环节的应用实践，得到流程的基本应用反馈信息，对执行流程进行审核，发现流程与现场实际的不一致，从而对流程步骤进行合理优化，对流程内容进行充实，发挥流程体系的协同效应，以便标准流程更加顺畅的执行。流程应用过程中的意见反馈对员工安全高效作业有着警示作用，能够推进整个矿井人-机-环-管的合理、有序、有效配合，提高矿井的精益化安全高效生产。

流程在各矿顺利推广实践，但在实际应用中，流程应用的信息反馈还不够，流程优化和完善不能及时进行，从而造成了典型故障处理流程数据的不充分，形成某些故障处理流程环节的缺失，进而造成机的不稳定状态，人的不规范行为，大大增加了安全生产风险隐患。抓好流程信息反馈，要把握好以下几方面的原则：

（1）整体性原则，对所有流程执行进行梳理归纳，确定其适用性。

（2）适宜性原则，要根据具体环境、具体工器具、具体工艺来规范流程反馈信息，不能拿个例代表遍例。

（3）针对性原则，要针对各矿的实际情况以及各矿执行流程中的薄弱环节，按照轻重缓急的方法进行流程信息的整合反馈。

（4）有效性原则，依托规程，运用现代化的管理手段，及时反馈流程执行中的各类问题。

同时，还应该做到以下几点：一是在流程管理执行过程中，既要抓流程执行落地，更要抓员工对流程执行过程中的信息反馈；二是要发挥区队人岗匹配流程应用的作用，增强各岗位人员参与信息反馈的意识；三是要重视流程图的学习运用，落实员工在流程应用过程中对终端信息进行的分析、综合、比较，并把应用体验反馈给流程输入端，以达到整个流程执行过程的整合、完善。

总之，重视流程执行信息反馈，能更好地进行流程优化和完善，充实流程数据库，有利于员工的安全标准作业、设备的完好安全运行，可提高作业效率，降低生产成本，确保煤矿的安全高效生产，顺利完成各项指标及生产任务。

（二）流程优化和完善

在流程执行过程中，要对流程不断进行改进，以期取得最佳效果。流程优化是对现有工作流程的梳理、完善和改进的过程，不论是对流程整体的优化还是对其中部分的改进，如减少环节、改变时序等，都是以提高工作质量和工作效率、保证安全生产为目的。就煤矿企业而言，充分合理的流程优化，对标准流程的推广应用、员工养成规范作业行为以及企业生产作业的安全高效至关重要。那么，流程优化和完善是如何开展的呢？

1. 流程优化完善的原则

优化完善流程应遵循以下几个原则：

（1）科学性原则，要体现理论与实际结合，采取科学的方法。

（2）系统性原则，要兼顾各方面指标均衡，体现客观全面、整体最优。

（3）实用性原则，优化的结果要简单，整体操作要规范。

（4）目标导向原则，要引导、鼓励优化的流程向正确方向发展。

2. 流程优化、完善需求的来源

从对流程进行优化、完善的驱动因素来讲，流程优化、完善需求大致可以分为两种：一是安全作业问题导向的需求，如流程执行中安全信息反馈，流程执行中事故经验教训，流程执行中风险预控管理的需要等；二是高效作业问题导向的需求，如生产作业环境的变化，各种创新工艺的应用，安全管控理念的转变，人工智能化采煤系统的应用等。

3. 流程优化、完善的方式方法

（1）通过工业工程技术的方法，采用"ECRS"分析法，对流程执行进行工序优化。主要的方法有：①取消的方法，即为考虑该项工作有无取消的可能性，如不必要的工序等；②合并的方法，即为工序或环节的合并；③重排的方法，即为通过改变作业程序，使工作的先后顺序重新组合，以达到改善工作的目的；④简化的方法，即经过取消、合并、重组之后，再对该项工作进行更深入的分析研究，使现行方法尽量简化，达到流程执行的优化完善。

（2）采用流程写实的方法，对流程进行梳理、优化、完善。流程写实主要是基层单位对一线员工开展教学培训与作业写实同步进行的，采用结合当班工作任务进行流程现场培训教学的方法，由岗位工将匹配好的流程打印并带到现场，进行一人监护一人写实的活动。主要方式是从高频流程向低频逐一开展现场写实，最后对写实过程中提出的优化意见进行整合处理，形成完善的具有实操功能的标准执行流程。

（3）对流程反馈收集来的意见和建议，采取"三步走"审核机制，层层把关意见质量，对流程进行优化完善。第一步是基层区队以 15 天为一周期对收集的优化意见进行审核，并将审核的意见分专业类别上报至矿业务主管科室；第二步是单位分管领导组织专业骨干对各区队上报的优化意见进行集中审核，并将审核通过的意见上报至公司；第三步是公司组织相关专业技术人员分专业对基层上报的优化意见进行审核、汇总、入库。

（4）其他方法：

①依托流程写实开展岗位危险源再辨识，辨识危险源并评估风险后果，将新增危险源融合到《标准作业流程》表单的作业内容和作业标准中，形成执行流程，使危险源得到更加有效地管控，同时也有效遏制员工不安全行为的发生。

②建立执行流程表单，在表单中量化、细化每个流程中的工具、材料、配件的数量和规格型号，杜绝施工过程中因材料、工具等准备不全、不当造成工

效浪费。区队利用执行流程表单考核班组材料消耗，成为成本管控的一柄利剑。

③运用精益化辨识浪费方法，在写实过程中辨识流程执行中的"浪费"现象，找出流程步骤、作业内容和作业标准中的缺陷，再进行完善。

④在标准作业流程表单中关联相关事故案例、故障处理流程等资料，使员工对标准作业流程的学习更系统、更直观、更全面。

⑤员工行为观察就是对员工作业过程进行现场观察写实，并对作业过程中未按流程作业等情况进行及时纠正，是提高流程执行度、保证流程现场落地的重要手段。

第三节　执行流程的推广和落地

一、培训是流程推广和落地的前提

在流程推广初期，员工培训是主要工作，对于多数一线人员而言，并未真正理解和掌握流程的理念和方法，对执行流程的内容也未消化和吸收，因此，就需要全面开展流程培训，在员工掌握流程"是什么，怎么用"的前提下再深入现场执行和应用。培训的内容应包括流程表单的各项内容、流程应用和反馈程序、流程相关管理制度等，同时应制定培训计划，矿井、区队、班组各级单位的培训应相互配合与补充，增强培训效果。培训形式上应充分利用网络及视频工具，一方面最大程度方便员工学习，随时随地能够读取有关内容；另一方面将文字内容可视化，真实还原现场作业情况，降低学习门槛，增加学习兴趣，增强培训效果。

二、流程初期推广应以鼓励为主

流程推广初期，由于对流程的理解存在一定差异，部分员工会产生一定抵触情绪，若此时有关科室或部门采用考核或罚款等形式强行推进流程的应用，会进一步加深员工的抵触情绪，从而给流程的整体推广增加阻力，影响流程整体应用效果。为了激发广大员工的学习和使用热情，应以鼓励为主，将流程的编、审、发、学、用全环节进行量化，根据工作量和工作难度制定相应的奖励标准，并结合员工接受和掌握程度，调整奖励政策，形成良性循环。鼓励形式除直接物质奖励外，可以增加竞技或比武性质的活动，树立模范和标杆，扩大流程推广和应用的影响力。

三、流程推广和落地是长期工作，应进行常态化管理

流程应用遵循 PDCA 循环，是一个"边学边用，边用边改"的动态过程，并非编制完成再下发使用就能产生效果，应进行常态化管理，将流程作为日常业务融入矿井的整体管理中，形成管理制度。流程的常态化管理需要实施单位从上至下足够重视，尤其是管理人员，要真正理解流程的意义和作用，转变管理思维，依靠流程从被动安全向主动安全转变。

四、制定完善的管理制度，并与员工绩效相结合

流程推广之后涉及人员范围广、内容多，必须要制定完善的管理制度，一方面管理制度应包括流程编制和应用的全过程，对任何一个环节都需要有明确的制度规定，才能保障流程的顺利实施和应用；另一方面管理制度应结合矿井人员、流程掌握程度以及矿井管理现状等实际情况，保障制度的可操作性，在硬性规定的同时尽可能使作业人员学流程与用流程相结合。在流程管理实践中，将流程与员工绩效考核相结合是一种可以参考的有效管理手段，在部分流程实施单位中，将流程与职工的职务考核相结合，也可以极大促进广大员工推广和使用流程的积极性。

第四节　典型做法与常见误区

一、典型做法

在流程执行过程中，广大现场员工提出了一系列典型做法，积累了一些优秀经验，涵盖流程编制、学习、培训以及管控等环节，通过总结和提炼为流程执行和推广提供参考。

1. 流程推广和学习

信息化建设以及智能矿山建设的不断推进，为流程的推广应用拓展了新的路径。尤其是随着 5G 网络井下全覆盖和防爆智能手机的应用，为流程的推广应用提供了新的可能。如将设备检修的标准作业流程制作成二维码粘贴在设备上，员工在检修设备时，只需使用防爆手机扫描二维码就可以查看检修流程、设备

检修需要准备的工器具、检修过程中存在的危险源、设备图纸等信息。

利用 VR 技术，让员工在虚拟现实环境下按照流程进行作业，既保障了员工安全，又强化了员工流程执行意识；制作 3D、flash 课件，使流程培训通俗易懂，趣味性更强，提高了员工学习流程的积极性。

2. 流程培训

开展以标准作业流程为主线的三级培训模式，即矿井培训区队和科室管理人员，区队培训班组，班组培训员工。生产办每年组织全矿管理人员进行两次考试，区队组织所有作业人员每季度进行一次考试，并将考试成绩纳入标准作业流程考核结果。每月月底由矿岗位标准作业流程管理员统计管理系统的应用情况，包括岗位标准作业流程系统的培训情况、学习情况、每月的流程管理总结、学习心得、各管理人员流程的检查录入情况等，并形成分析报告。在矿月度安全生产会上通报各区队系统使用情况，进行相应奖罚。通过这种方式，既保证了培训效果又能提高员工在思想上的重视。

3. 流程管理

将流程执行步骤和工时相结合，为提高作业效率、实施精益化管理提供依据。通过流程细化每一个作业步骤，对作业用时进行现场写实，从而确定每一个步骤的工时以及完成作业总的用时，作为考核员工绩效、实施精益化管理的依据。

4. 流程融合

为保障流程的学习和执行精准到每位职工、每个作业步骤，要在指导流程的基础上，采用"合并同类项"和"找最大公约数"的方法，将标准作业流程与危险源辨识、行为观察、精益化、故障处理流程等工作进行融合，使流程向横向和纵向扩展，并以此为纽带，将相关联的工作紧密地联系起来，形成协同效应，提高各项工作的实效。

二、常见误区

（1）流程执行过程中发生人员变动和环境变化要重新启动流程，或者终止流程的执行。

流程针对作业本身，是由作业本身的性质决定的，和作业过程中的人员流动、环境变化没有关系。在岗位作业过程中，出现人员交叉作业、人员临时变换等情况，流程的执行是不会随着人员的变化而变化的，接班人员按照交班人员的工作任务完成情况和流程执行的工序进行交接，继续按照流程的要求进行作业。

流程的执行和作业实践应该是相互促进的，尤其要积极发挥流程在作业中的指导性意义。如在作业过程中发现作业现场的实际环境和某个作业点无法满足流程的规定，要把这样的作业点当成现场隐患进行整改，这就是不应该让流程去适应现场的工作，而是要让流程的规范化理念去指导、发现生产现场的隐患。

（2）不按照流程作业只是违反了流程的一般规定，不属于违章作业。

流程制定的目的之一是从作业工序的和相关注意事项的角度来规避风险，其工序步骤符合安全管理的规定、符合岗位作业的日常习惯、符合作业的技术标准，所以流程在安全管控方面的作用不能简单理解为通过对流程的学习和执行在一定程度上规避了风险，而是应该理解为不按作业流程作业就是违章作业，流程的作业工序步骤和工作标准是必须要执行的安全要求，没有按照流程作业就是违章作业。

（3）流程作业标准属于技术标准。

流程中的作业标准是针对工序内容提出的，是对工序作业内容做出的一般规定。而技术标准是指重复性的事项在一定范围内的统一规定，包括基础技术标准、产品标准、工艺标准、检测实验方法标准及安全、卫生、环保标准等。显然，流程并不属于技术标准范畴，但在企业标准的等级水平上，是属于企业标准体系中的工作标准，对岗位作业的执行做了规范。

（4）风险提示只是流程工序的关联信息，只有参考价值。

流程中的风险提示不是要覆盖该工序的所有风险，而是和风险预控管理体系关联的重大风险及以上风险，而且是和该工序直接相关的作业风险，其目的是在流程的执行过程中，对作业人员在工作前起到风险提示的作用，并且采取合理的防范措施。在工作中，根据作业时的环境情况和采取的安全技术措施，及时规避风险的发生，所以将风险提示和作业工序相融合就是为了能够更好地防范风险，在工作中对危险源进行预测，而不是机械的学习和在作业中被动的反应。风险提示信息应当引起相当的重视，而且要严格执行风险的防范措施。

第十三章　落地应用方法

第一节　"互联网+"及信息技术

一、流程二维码

二维码作为一种常见的数据库路径接口，应用已经十分普遍，将 SOPCM 相关的文档、视频、音频等资料数据库用二维码的方式进行关联，利用二维码跳转至指定的数据接口，以方便员工读取和学习。同时利用二维码制作方便、易于推广和宣传的特点，将庞大的流程数据文件转变成简洁的二维码，大大减小了学习的限制，可在任意设备和工作地点设置相关作业二维码，提高了流程学习的效率和效果。

【例 13-1】流程二维码数据库

某公司洗选中心提出了二维码"三步走"的应用方法。首先，利用专业二维码网站作为流程二维码数据库的服务器，建立流程管理框架，为以后的管理、统计及更新工作打好基础。其次，制作流程的相关文档，将 Word 版本流程文件通过虚拟打印及图片处理等环节制作成同时满足二维码容量及手机浏览要求的图片文件，以满足二维码关联要求及手机客户端浏览清晰度。再次，在二维码服务器内制作二维码活码，关联编辑好的流程图片文件，美化二维码生成独特的专用二维码。最后，按照生成一线设备分布情况制作现场二维码识别牌匾，建立现场流程数据库。

流程二维码数据库的建立，使员工现场作业中随时可以扫码查询关联流程，再也不会出现作业"卡壳"而无据可依的情况，员工的作业效率及作业质量得到了很大提高，弥补了集团流程管理系统只能识别内网及安卓系统客户端的局限性。流程二维码数据库在洗选中心已经运行数年，对一线员工的作业能力、效率、质量及风险预控等环节起到了积极作用。利用二维码服务器还可以实现二维码扫描次数统计,管理层可以通过二维码扫描次数分析员工对具体流程的应用程度及需求指数,从而开展有针对性的强化培训和指导工作,帮助员工掌握流程。而且流程二维码均为活码,可以永久对关联数据进行修改、更新,保证了现场二维码数据库的可靠性和及时性,适合设备变化更新周期长的厂矿企业使用。

二维码管理系统数据库示意如图13-1所示。

图13-1 二维码管理系统数据库示意图

【例13-2】 流程二维码应用

某矿利用防爆手机扫码看流程,在企业微信的简道云模块中,将各台设备的标准作业流程上传至设备基础信息中,并形成二维码,员工在检修设备时,只要用手机扫一扫设备上粘贴的二维码,就可以查看对应的设备检修标准作业流程和操作标准作业流程,还方便检查人员和非操作岗位人员查看相关的流程。应用现场如图13-2所示。

图13-2 某矿设备检修流程二维码应用

二、微信+QQ 学习平台

在流程学习、培训方面，抛弃传统的填鸭式培训、宣贯方式，利用常用的微信和 QQ 互联网平台，全方位宣贯，多渠道学习，如建立微信群、QQ 群、企业微信群、公众号等，采取线上学习为主、线下学习为辅的方式，通过班前会、日常培训进行集中学习，展板、井下 3G 广播、微信和 QQ 平台等多种载体在业余时间学习。

【例 13-3】流程微信公众号

某矿以区队为单位建立各个区队的标准作业流程公众号，将各个区队各个岗位常用二期标准作业流程按不同工种进行筛选，筛选出的流程可作为原始学习资料上传至微信公众号后台，在微信公众号界面按不同工种建立选项菜单，员工可根据自己岗位选择相匹配的流程。以某队标准作业流程微信公众号（图 13-3）为例，微信公众号界面分为三部分：第一部分是各工种常用标准作业流程，分别是煤机司机常用标准作业流程、支架工标准作业流程、三机标准作业流电工标准作业流程、泵站标准作业流程；第二部分是典型事故案例汇编，内容是公司近几年发生的典型事故案例，此部分内容作为定期更新内容，每月更新一次，要求每人针对本月所学的典型事故案例撰写一篇事故案例心得体会发在公众号内，区队公众号管理员对员工撰写材料进行审核，撰写质量较高的在三班班前会通报学习；第三部分是"应知应会"，包括班组建设、创领文化、节能减排、职业健康等内容。区队微信公众号管理员每月对微信公众号内容定期更新，根据当月重点工作以及计划的预防性检修内容，将匹配的流程发至微信公众号并督促员工按时学习。另外根据每班的重点工作安排，每班班前会之前由微信管理员负责将本班的重点工作匹配流程推送至公众号，员工在班前会之前就可仔细浏览学习本班重点工作匹配流程，同时公众号平时可根据员工的需要推送一些国内外重大新闻、党建知识、富有教育意义的小故事、漫画笑话等，极大地丰富了员工的业余时间。

【例 13-4】流程微信官网检索应用平台建设

某矿洗选中心在充分考虑智能手机便捷性、快捷性以及微信客户端使用广泛性的基础上，利用微信官网平台及检索功能，建立流程数据库，实现了流程精准快捷检索。同时在该平台设置管理权限，通过管理员权限还可将梳理细化的执行流程以及新增的故障处理流程和安全事故流程更新至微信官网。及时更

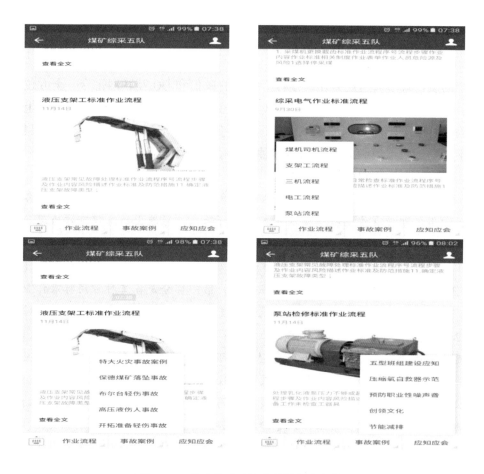

图 13-3　某矿综采五队流程微信公众号

正流程信息，员工及时学习掌握，有效解决了流程系统无法直接使用执行流程问题。形成了洗选中心执行流程数据库，有助于作业人员使用、学习和掌握流程，避免管理人员因跨工种检查过程中流程掌握不足导致无法正确评价和指导作业人员。

该平台具体做法是将每一项标准作业流程内容存放在微信公众号后台，并提炼出各类信息对应的关键词。将两者上传并存储至系统成功后，员工就可以使用关键词搜索，随即会弹出对应的全部信息。如想学习、查看《带式输送机》操作类标准作业流程，就只需在对话框输入"输送带""带式输送机"任意一个关键词，系统就会自动弹出该流程；想学习、查看《带式输送机》检修类标准作业流程，就只需在对话框输入检修"输送带"、检修"带式输送机"（检修类关键词在操作类关键词的基础上增加了检修二字）任意一个关键词，系统就会自动弹出该流程。这一关联高效、便捷，使用人员只需添加微信公众学习平台，即可对所需信息进行精准搜索。洗选中心标准作业流程微信官网流程检索示意如图 13-4 所示。

图 13-4　洗选中心标准作业流程微信官网流程检索示意图

通过一段时间的推广使用，员工们普遍反映使用关键词搜索学习能精准查询所需标准作业流程。无论是业余学习提升、还是解决现场作业之所急，只需一键检索，流程即可传达。未培训当日工作流程的作业人员可通过该平台提前温习、班前会学习、现场查询等。解决了三级培训体系无法覆盖的问题，与洗选中心流程三级培训体系的专题培训和宣传取长补短、优势互补。提高了学习培训和宣传效率，营造了学习的良好氛围和环境，消除了员工参加多次集中培训学习、宣传的不便和抵触心理，实现了管理软提升；同时管理人员使用该平台流程检查更方便，还能快捷的精准指导现场生产和检修作业。

三、流程学习"云盘"

利用网络"云盘"服务，建立标准作业流程"云"管理平台，通过网络端—PC端—手机端三者同步共享功能，实现了资源共享和技术的高效利用，能更好地服务于生产工作。同时方便了流程考核、检查、管理。

【例13-5】流程云管理体系

某矿用网络云盘技术的移动互联特性和协作功能建立洗选中心标准作业流程云管理体系。此体系包含三个访问端，即本地PC端、网络端、手机端。利用三个访问端建立三大平台，即流程管理基础平台、流程资源共享平台、流程使用交流平台。

云体系弥补了管理系统只能在公司内网环境学习共享及不能形成厂部级流程库的不足。通过三大平台的推广与使用实现现场与办公室的无缝对接，给标准作业流程在洗选中心的推广应用带来便利。云管理示意如图13-5所示。

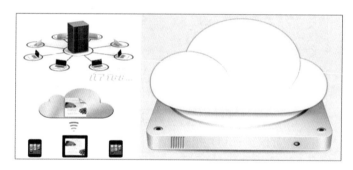

图13-5　云管理示意图

【例13-6】云平台流程学习

随着井下宽带、无线网络和4G网络的全覆盖以及管理人员与关键岗位防爆手机的配备，岗位标准作业流程的落实也可搭上互联网这条高铁。

应用"互联网+"手段，某矿自主开发远程教育学习管理平台，将全矿学习课件资源共享，通过系统功能和选择单元，员工可以随时随地对标准备作业流程进行学习。利用互联网高科技手段，让所有的员工心中有流程，上标准岗、干标准活，让标准作业流程的执行贯穿于整个安全生产工作，为实现信息化、智能化的现代化矿井提供有力的支撑。

2017年安装了矿井融合通信系统–智慧线系统，具备井下移动通信和上网功能，可以将照片随时上传并能够查询数据，利用"简道云"软件系统，设计了设备关键部位检修系统、故障处理流程查询系统和标准作业流程查询系统，将链接二维码导出并在每台设备上安装二维码，这样只需"扫一扫"，不仅实现了设备关键设备点检功能，而且员工可以随时查询故障处理流程和设备标准作业流程，有效杜绝漏检，减少检修和故障处理中因工具、器材、料、配件准备不到位造成的时间浪费，使检修工作更便捷高效。

员工可通过手机终端随时随地登录学习。将文字版转化为语音版的岗位标准作业流程上传至二维码系统内，员工可以随时随地学流程，让文化程度低、年龄偏大的员工准确地掌握标准作业流程内容，营造了"人人皆学、处处能学、时时可学"的良好环境；在井下可以一边播放标准作业流程一边作业，从而指导新员工按照标准作业流程作业，提高学习效率，养成出手就干标准活的习惯。

四、流程连连看

连连看是一种应用广泛的趣味性游戏，游戏设计的目的就是找出相同的两样东西，在一定的规则内利用程序进行关联处理，可用于学习、培训、测试等。由于其设计程序简洁，容易上手，可以根据需求进行个性化设计，在煤矿标准作业流程培训中取得了良好效果。

【例 13-7】流程连连看学习软件

某矿利用 Flash 以及 Photoshop 软件研发了流程连连看模拟接线软件（图13-6），该模拟接线软件系统建成后不仅实现了材料的零消耗，过程零隐患，不受时间、环境、设备体积的影响，为标准化作业流程培训有效落地提供了更好的方法。首先，该软件可彻底解决以往标准化作业流程中实操培训过程大量消耗元器件的问题，减少了资金投入。其次，该软件能杜绝以往标准化作业流程培训过程中的安全隐患。以前员工在实操培训过程中要接触220 V、380 V甚至660 V的危险电压，如果操作不当极有可能造成人身伤害。

五、远程教育

信息化已经成为社会发展的必然趋势，运用"互联网+"技术开展远程教育是现代教育的发展方向。现代远程教育是随着信息技术发展而产生的一种新型教育形式，是构筑知识经济时代人们终身学习体系的主要手段。它以现代远程

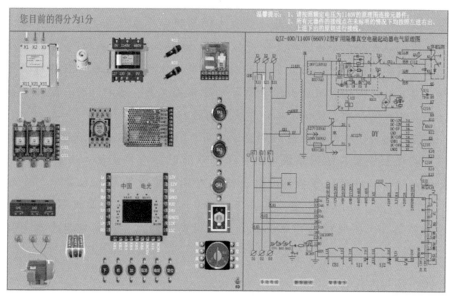

图 13-6 某矿流程学习 APP 软件

教育手段为主，采用多种媒体手段联系师生并承载课程内容。

远程教育可以有效地发挥各种教育资源的优势，为教育质量的提高提供有力支持，为不同的学习对象提供方便的、快捷的、广泛的教育服务。通过电脑、手机等终端，为员工提供培训资源，满足员工技能提升和终生学习的需求。通过这种方法，既可以提高学习效率，又可以有效解决工学矛盾。员工在工余时间通过移动终端就可以学习，不受时间、地点的限制，还可以根据自身的实际情况和需求选择适合自己的学习内容。突破了传统课堂教育的弊端，形成一种全新的、喜闻乐见的教育方式。

【例 13-8】 流程远程教育学习平台

某矿井应用"互联网+"手段开启远程教育，实现课件共享和职工自主学习。煤矿自主开发远程教育学习平台（图 13-7），将全矿学习课件资源共享，通过系统功能和选择单元，帮助员工在网上自主选择学习感兴趣的课程或某些课程的部分章节，提高学习针对性和可重复性，帮助职工更细致、更有效地消化吸收所学内容。开通"指尖微课堂"，员工可通过工号在电脑、手机终端随时随地登录学习。同时，系统可以全周期跟踪、记录员工的学习课时及得到的相应积分，员工的积分可兑换奖品或奖金。员工的学习思想也由"要我学习"向

"我想学习"转变。

图 13-7　煤矿远程教育学习平台

第二节　流　程　可　视　化

一、流程动漫

流程动漫就是采用三维动画技术，以动画的方式将煤矿井下情况完全仿照现实模拟出来。这种方式可以让井下的工人了解每日工作环境的整体情况，使其身临其境、加深印象，工人能更好地掌握岗位标准作业流程和安全常识，提高学习效率和效果，达到避免事故、实现安全生产的目的。

【例 13-9】流程动漫制作及培训

某矿成立了流程动漫制作小组，该动漫小组总计 17 人，2017 年共创作流程动漫视频 6 部，制作的标准作业流程视频共 30 部。通过动漫灵活、直观、有趣的形式为员工详细讲解流程步骤及注意事项，员工在充满趣味的课堂上更容易学习流程（图 13-8）。

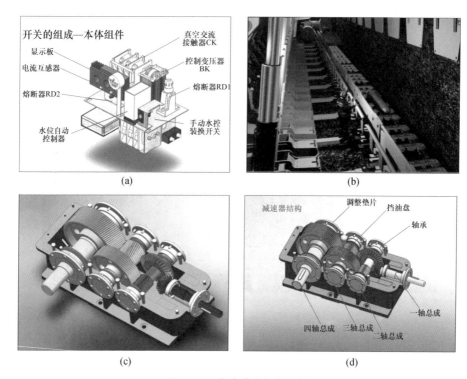

图 13-8 某矿动漫视频示例

二、流程 VR

由于地质条件复杂、生产体系庞大、采掘环境多变等特点，矿山开采面临巨大挑战，智慧化成为继工业化、电气化、信息化之后世界科技革命又一次新的突破，建设绿色、智能和可持续发展的智慧矿山成为矿业发展的新趋势。一部手机、一副 VR 眼睛便能操控整座矿山的运营不再是梦想。

VR 虚拟现实技术在智慧矿山领域的应用尚处于起步阶段，VR 虚拟现实不仅仅是为了娱乐、影视应用，也不仅仅只是看到虚拟的数字矿山。将标准作业流程和虚拟仿真技术相结合，通过对井下设备、环境、人物动作按照标准流程进行三维动态仿真模拟，标准作业流程的全过程便可实现图像化、可视化，多角度化、动态化。还可将危险源及风险描述穿插在这种方式中，把违章作业的后果生动展示出来，使人身临其境，印象深刻，更具教育意义。

【例 13-10】 流程 VR 演示

某矿将综采工作面、辅助运输等利用 VR 技术制作成虚拟图像，对煤机启动按标准作业流程、辅助运输相关标准作业流程等进行操作，利用小的场地模拟大的场景，在保证员工安全的前提下进行虚拟仿真，模拟操作现场，让培训更智慧、更安全，为员工的成长插上腾飞的翅膀，为矿井的安全生产保驾护航。某矿流程 VR 演示如图 13-9 所示。

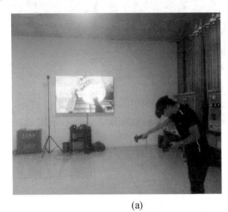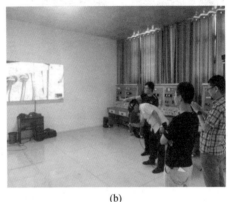

(a)　　　　　　　　　　　　　　(b)

图 13-9　某矿流程 VR 演示

三、流程视频

标准作业流程培训资料大多是基于文字和符号叙述的，比较抽象、枯燥，基于此，利用现有技术力量将传统文字形式的流程制作成高质量、高清晰的教学视频，将作业前、作业中、作业后的作业内容及其标准逐一拍摄，加工成视频呈现在员工面前，以提高学习和培训效果。

【例 13-11】 流程视频拍摄

某矿各区队成立岗位标准作业流程可视化制作运行管理小组，由队长牵头，各分管队干分别监督各分管口的视频拍摄工作。要求区队管理人员（队干）深入现场对流程视频拍摄情况进行检查指导，协调解决各班组在拍摄过程中出现的问题。组织流程视频管理工作会议，汇总各班组拍摄过程中反馈的意见。根据反馈及时制定相应的措施以保证拍摄工作顺利推进，出台管理办法，要求严格按照流程步骤、作业的详细内容、作业的标准、涉及的相关制度、作业表单、作业人员、存在的危险源及风险进行拍摄，确保视频拍摄质量。拍摄过程新出现的危险源及优化意见连同视频一并上报，以便技术人员后期制作将其融合在拍摄教材中。同时规定视频教材后期制作技术人员对各班组上报素材进行整理、剪辑、添加字幕、旁白录音等后期精细化制作。将流程的每一个步骤及其相关标准用图像、声音、字幕、转场等方式进行后期加工，制作成高质量的可视化流程。某矿流程视频教程如图 13-10 所示。

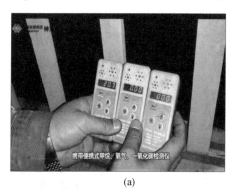
(a)

(b)

图 13-10　某矿流程视频教程

第三节　现场学习方法

现场教学是指组织员工到生产现场或模拟现场学习有关知识和技能的教学形式。这种方式在时间、形式上不固定，需根据教学任务、教材性质、员工实际情况和现场具体条件等确定。这种方式通过现场观察、调查或实际操作，丰富员工的感性认识，促进员工对流程的进一步理解和掌握。

在现场环境下，让员工进行实际操作，既能增加培训的针对性，又能增加培训的趣味性，调动员工的积极性。通过现场培训，员工的技能水平得到快速提升，而且员工在掌握技能的同时还能熟悉作业现场的环境。

一、便携卡

便携卡就是将标准作业流程打印到小纸片上，塑封之后发给对应岗位的员工，便于员工随身携带。当员工在作业过程中对流程有疑问或不清楚的地方，可以拿出便携卡随时查阅，而且方便员工在作业间隙随时学习。

二、手指口述

手指口述是一种通过心（脑）、眼、口、手的指向性集中联动而强制注意的操作方法。手指口述是提升岗位作业质量、提高职工个人自主保安能力、确保安全生产的重要手段。

手指口述的操作方法在很多岗位作业中都已经成为习惯，如机电检修中一些关键性操作，员工运用手指口述，提前模拟作业流程，确定作业过程中需要注意的问题。大量的实践证明，手指口述对提高工人的岗位作业质量，尤其是确保作业安全方面有特别明显的效果。

【例 13-12】手指口述纳入考核

某矿要求各班组月度至少开展作业现场流程手指口述实践活动 1 次，活动效果纳入月度"五型"班组建设考核当中。在作业现场跟班队员主动当好考核员，员工在作业中若未按照流程，将录入不安全行为并按照不安全行为管理办法进行处罚，这样重在强调作业流程现场实践的应用，对照流程作业步骤，每一程序都需要按部就班操作，在流程实践操作中把每个步骤有序结合在一起，形成合力，更好地开展生产运行工作。

三、现场演示

现场演示即员工在作业现场按照流程对作业全过程进行表演或示范。通过这种演示，员工既可以熟练地掌握作业流程，又可以在演示过程中发现流程存在的问题，从而进行有针对性的改进和完善。现场演示也是传授及分享技艺、经验，不断提高作业技能和作业效率的重要手段。

四、实操培训

在流程推广初期，流程培训主要以流程表单为主，文字较多，学习枯燥，员工大多机械记忆，学习积极性不高，部分矿井通过建立流程实操培训基地，真实模拟现场作业，让员工按照流程要求作业，提高了员工作业的熟练度和流程学习培训的效果。

【例 13-13】流程实操培训基地

某矿在实操基地的基础上，着力打造标准作业流程实操体验基地，为员工提供了一个实操平台，提升员工技能水平，实现"上标准岗，干标准活"的目标。实操体验馆主要由安全实操体验区、人体急救体验区和安全防护用品展示区三部分组成，通过模拟触电、人体急救体验、安全防护用品展示等让员工亲身感受，对于安全防护意识缺乏的人来说，这种身临其境的体验，能够起到提高安全防范意识的作用。

（1）实操体验区：调节模拟触电仪电压强弱，模拟人体触电体验，可使人体验瞬间触电的感觉，同时观察电流通过人体的过程，具有强烈的真实触电感觉。对井下电工来说，切身体会触电感觉，要比班前会队干强调安全注意事项印象深刻得多，进而提高员工对触电事故的警惕性，增强防触电意识，工作中严格按流程作业。

（2）人体急救体验区：员工通过亲身对假人的各种急救，体验真实急救过程，学习正确的急救知识。模拟假人与电脑相连，采用程序控制，在模拟急救过程中，自动判断各种动作，实时纠正错误的急救操作，语音提示正确的急救动作，使体验者更快、更准确地学习急救知识。某矿实操培训基地如图 13-11所示。

（3）安全防护用品展示区：让员工熟知各种防护用品及其正确的使用方法和使用环境，对于新员工培训能够起到很好的示范引导作用。增强职工自觉佩戴安全防护用品和加强自身保护的意识。

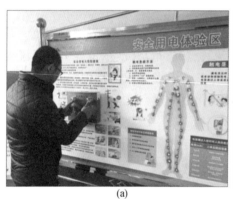
(a)

(b)

图 13-11　某矿实操培训基地

五、流程写实

流程写实就是对流程的每一个步骤进行现场观察、记录、分析，从中找出流程在现场执行过程中可能存在的问题并不断优化完善。流程写实是不断强化流程培训、完善流程步骤、增强流程可操作性的重要手段。

【例 13-14】定期流程写实

某矿每年初组织区队将标准作业流程按照使用频率梳理成高、中、低三个档次，同时制定年度培训计划，原则上每条流程每年至少培训 2 次。梳理流程的同时将高频流程编入年度写实计划内，往年写实过的流程不在进行写实。流程写实分为四个步骤，分别是培训、写实、细化和完善，区队每月按照年初制定的写实计划开展月度写实。

第四节　激励学习方法

一、知识竞赛

知识竞赛就是通过组织特定形式的比赛，让员工参加到比赛中，通过比赛了解员工对流程的掌握情况。可以通过发放奖品等手段激发员工参加知识竞赛的积极性。开展知识竞赛是激发员工学习热情、增强学习趣味性、检验员工技能水平和学习效果的重要手段。通过定期或者不定期的组织知识竞赛，既可以了解检验员工对流程的掌握程度，同时"以赛促学"，督促员工加强对流程的学习。

【例 13-15】开展流程竞技主题活动

为使员工真正接受岗位标准作业流程，使其内化于心外化于形，某矿举办了多场以标准作业流程为主题的活动，如开展有奖竞答活动 31 次、标准作业流程猜一猜活动 21 次、案例宣讲活动 15 次、技术比武活动 12 次，活动主题涵盖煤机司机、矿井维修钳工、电工、矿山通风等各工种流程知识，在活动中重点对标准作业程序进行考核和评比，并通过宣传让参加活动的员工带动周边员工加强对流程理解和认识，从而使员工熟知岗位标准作业流程，树立起按规程作业的意识。

二、流程技术比武

【例 13-16】开展流程应用演练比武活动

本着"情景模拟、暴露问题、改进学习"的目的，某矿不定期组织模拟大型作业任务，按照流程步骤进行演练，既达到学习应用的目的又可以发现问题，最终进行优化改善。另外通过组织比本领、比技术、比掌握岗位流程熟悉程度的活动，创造一个锦界煤矿员工展示自我的平台，激发每位员工干工作的内部原动力（图 13-12）。

图 13-12　流程演练比武活动现场

第五节　考　核　方　法

考核是改善职工的组织行为，也是充分发挥职工的潜能和积极性的重要手段。为加强煤矿标准作业流程推广应用工作，将流程推广、执行、应用情况作为各单位、区队、班组重要考核项目分级进行考核，按照不同管理层级定期对班组、员工的流程培训、执行情况进行考核评价，通过层层考核，不断推动流程落地，不断提升员工上标准岗、干标准活意识，提升员工岗位作业技能水平。

流程管理在公司层面和矿厂层面因管理对象的不同要有所区别，考核制度也是管理制度的一项内容，不同层面的考核制度要根据管控对象进行针对性的设计，但无论什么层面的考核制度，其内容都应结合流程应用的具体环节设计和制定。

一、公司级考核制度

【例 13-17】 某公司流程考核制度（表 13-1）

表 13-1　某公司流程考核制度表

序号	项目内容	考核内容	考核标准
		制度建设	
1	管理制度	各相关单位必须按要求制定本单位流程管理办法	未建立管理办法本项不得分，制度内容不齐全的扣 1 分，未以正式文件下发的扣 1 分
		各相关单位流程考核要与本单位五型企业绩效考核相挂钩	未与本单位五型企业绩效考核相挂钩本项不得分，未按要求与五型企业绩效考核相挂钩的扣 2 分
		各相关应用单位、区队要明确不同专业的流程负责人	未明确流程负责人本项不得分，未分专业明确负责人每少一专业扣 1 分

表 13-1（续）

序号	项目内容	考核内容	考核标准
2	制度执行	各单位必须要对流程运行进行规范管理和考核，奖罚结果要落实到相关责任人	未按照制度要求进行管理和考核的不得分，考核不到位的扣1分，奖罚结果未落实到相关责任人的扣0.5分

流程运行

序号	项目内容	考核内容	考核标准
1	流程宣贯	对公司流程管理办法进行全员宣贯学习	未组织宣贯学习本项不得分，宣贯学习不到位扣1分
		每季度组织开展流程例会，对流程的推广应用情况及存在问题进行协调解决	未组织开展流程例会本项不得分，开展例会无内容、无主题，效果不佳的每次扣2分，扣完为止
2	流程培训	各单位应建立流程三级流程培训体系（各单位级、区队级、班组级）	未建立三级流程培训体系本项不得分，体系不健全的扣2分
		各单位应制定流程年、季、月培训计划，并按计划组织开展各级流程相关培训工作	未组织开展流程培训本项不得分，未制定年、季、月培训计划的扣2分，流程培训开展不到位、覆盖不全、参与人数达不到90%的扣2分

二、矿（厂）级考核方法

【例 13-18】"十二个一"管理法

某矿以标准作业流程"十二个一"管理办法为核心，通过由"每班—每天—每周—每月—每季度—每半年度—年度"深入细化流程实施项目，每月全矿范围内考核评比，区队前三名分别奖励 5000 元、3000 元、2000 元，最后两名分别处罚3000 元、2000 元；科室前两名分别奖励 1000 元、500 元，最后一名处罚 500 元。通过"十二个一"考核，进一步规范作业、保障安全、提升效率、优化管理。

【例 13-19】流程"ABCS"管理模式

根据流程推广中存在的种种难题，某矿经过认真研讨推出了"ABCS"标准作业流程管理模式。"ABCS"管理模式分为目标管理、看板管理、文化管理和现场管理四大板块，"A、B、C、S"分别为目标（Aim）、看板（Board）、文化（Culture）和现场（Spot）英文的首字母。

（1）目标管理：以目标为基础，以标准为规范，以成果为导向，区队全体员工在实际工作中实行"自我约束"，保证目标的实现。

（2）看板管理：根据作业现场条件，利用现场任务安排看板，制定作业最优方案和流程，其管理的宗旨是何时、何物、何人和何种作业方式。

（3）文化管理：以文化为基础，从班组文化和区队文化入手，提高员工的思想认识和班组的团队合作精神。

（4）现场管理：根据现场生产要素（人、机、环、管和物料等等）进行合理高效的组织协调，使现场作业处于安全的良好状态，达到安全、标准、高效和质优的目标。

【例13-20】 流程+"三级帮扶"

为切实提高流程整体管理水平，让流程成为员工标准作业的有效工具，某矿根据实际情况制订并实施了流程"三级帮扶"管理法，构建起了岗位标准作业流程+"三级帮扶"流程落实责任机制，使落实流程工作由最初的"随手一把抓"转变为人人有分工，事事有人管。"三级帮扶"即构建矿级、区队级、班组级三级标准作业流程帮扶体系，提升区队流程管理水平和员工流程学习效果。

三、考核平台及考评题库

考核平台及考评题库是考核员工流程学习效果的重要工具，利用微信、QQ等平台进行考评题库建设和考核系统设计，既能减少考核软件投入又能起到良好的考核效果。

【例13-21】 "两练一考"微信考试系统

某矿标准作业流程"两练一考"微信考试系统主要由微信公众平台、域名及微信小程序组成。该系统的特点体现在：将流程考试题库导入微信考试系统；创新考试模式，将月度流程考试转移到手机微信答题上来；后台管理员可以将题库任意生成试卷，针对不同人员设定相应权限，也可指定部分人员答题；后台管理员可以查看所有参考人员的成绩、及格率、考试时间、考生排名及试卷明细，通过发现的问题有针对性地在实际工作中进行改进。"两练一考"微信考试系统可以在以下模式下操作：

（1）做练习题。该模式是流程管理员导入的各岗位所有的标准作业流程试题，员工依据各自岗位进入相关练习题库。此项不计分，不需要全部答完，不计答题次数，做错了可以查看正确答案。

（2）模拟试题。该模式是流程管理员将导入的各岗位所有的标准作业流程试题分岗位做成试卷，此项全部答完后计算分数并显示正确答案。

（3）"一考"模式。该模式是流程管理员定期在系统中发布考试试卷，考试内容为做练习题题库中的题，要求全员进行答题。

"两练一考"程序示意如图 13-13 所示。

(a)

(b)

(c)

图 13-13 "两练一考"程序示意图

【例 13-22】 考评题库建设

为了提高员工对流程的重视程度，强化对流程的学习动力，某洗选中心在一些关键的岗位提升、技能师竞聘、技术比武、劳务工转正考试中，把对流程的掌握程度作为考评的重要依据。洗选中心在现有推广应用流程的基础上，通过前期梳理细化的执行流程数据库，融合安全管理、煤质管理、机电管理标准以及其他相关标准，编制流程填空、选择、判断以及问答四种题型，形成机械类、电气类、岗位操作类、调度类、装车类五大类 2264 个试题。

第六节 其 他 方 法

一、强化记忆法

【例 13-23】 流程表单颜色标注法

某矿仿照交通灯颜色提示原理，对流程进行标色。将流程的每一个步骤标注成绿色，按照绿色标注的色块作业；将流程中的危险源及后果标注成黄色，表示该色块内容要引起高度重视，作业前必须做好危险源辨识与处理工作；将不安全行为区域标注成红色，表示该色块内容禁止作业；将安全措施标注成蓝色，表示要谨慎处理后方可作业。某矿流程表单颜色标注见表 13-2。

二、分类培训和管理

【例 13-24】 分类评级管理

某矿标准作业流程推广以来，由于员工文化水平的差异、学习认知能力的差距、思考创新能力的差距，对于标准作业流程的认识、掌握、运用情况参差不齐，有的听而不学、有的学而不会、有的会而不用，也有的能够快速学习掌握并且学以致用。如果基层区队对所有员工都采用统一的标准和尺度去培训、学习、提问、考试，不能因材施教，学习能力强的员工会感到冗繁浪费时间，学习能力差的员工会感到吃力，流程推广效果也不好。在这种情况下，根据基层区队的一线管理经验，某矿对员工进行分类评级管理，因材施教，努力提高管理成效。具体措施如下：

（1）根据员工的学历、年龄、学习能力将员工分为三类：第 Ⅰ 类小学初中学历或年龄 45 岁以上；第 Ⅱ 类年龄 45 岁以下的高中、中专学历人员；第 Ⅲ 类本

表 13-2　更换采煤机截齿标准化流程

流程编码		适用范围			重大危险源:2项(标记★内容)	
岗位		采煤机司机				井工矿
序号	流程步骤	作业内容	作业标准	危险源及后果	不安全行为	安全措施
1	准备工具、材料、配件	(1)准备工具、材料:专业工具、卡簧钳、手锤、螺丝刀、防护眼镜等 (2)准备配件:截齿等	(1)工具、材料齐全可靠 (2)配件规格、型号符合要求	工器具使用不当,作业时造成人员伤害	作业时未检查所用器物、工具是否完好	(1)必须正确使用合适的工器具 (2)工器具不符合要求的及时更换
2	检查作业环境	检查顶板支护、煤帮及淋水情况	(1)作业现场支护良好,无片帮,无漏顶,无淋水 (2)护帮板紧靠煤壁,支架闭锁,关闭进液截止阀	工作前未检查周环境,煤壁片帮、顶板裂皮落伤人	不先检查设备周边环境,启动操作设备	作业前必须认真观察作业时环境,发现有片帮、裂皮时及时处理
3	停机、停电	(1)采煤机、刮板输送机、喷雾泵停机 (2)组合开关手柄打到零位	(1)采煤机、喷雾泵关闭,上锁,挂锁 (2)隔离开关关闭,上锁,挂牌	(1)处理采煤机故障时,未闭锁、上锁,护帮板未打到位,造成人员伤害 (2)三机闭锁未闭锁或闭锁不完好,发生误动作	不停机、不停电、不闭锁检修机电设备	(1)采煤机停机处理故障时停电闭锁,闭锁三机支架、上锁关闭煤机机附近支架进液截止阀 (2)破碎机、转载机、刮板输送机所设各种电气、液压保护装置及闭锁机必须使用且动作要安全可靠
4	拆除旧截齿	拆除旧截齿	专用工具和手锤配合拆除截齿	(1)更换截齿时,滚筒降下钻进滚筒以下或旋转时,造成人员伤害★ (2)更换防护目镜,合金头在碰撞中进出火花,造成人员伤害	安装或检修时使用不完好或者非配套专用工具、器具	(1)更换闭锁时,必须将支架闭锁,护帮板打到位并对采煤机进行此项作业,不外侧进行顶作业,严禁钻进滚筒下面更换截齿 (2)采煤司机更换截齿必须佩戴防护目镜
5	安装新截齿	安装新截齿	用手捶将新截齿安装到位,牢固可靠,旋转灵活	未佩戴防护目镜,合金头在碰撞中进出火花,造成人员伤害		

表 13-2（续）

序号	流程步骤	作业内容	作业标准	危险源及后果	不安全行为	安全措施
6	清理作业现场	（1）清点工具 （2）清点作业现场	（1）中部槽内无遗留工具、器材及废铁齿 （2）回收旧截齿	作业完成后，未及时清理工具导致人员伤害	作业完毕时，不及时清理现场材料和废品	作业完成后，必须清理现场杂物，将工具摆放在指定位置
7	检测瓦斯浓度	检测瓦斯浓度	便携式瓦检仪检查设备周围 20 m 范围内的瓦斯浓度达 1% 时，禁止送电	未检查瓦斯浓度或检查不到位，未及时发现瓦斯浓度超标，造成事故	未开启随身携带的气体检测仪或偏戴或戴不完好或仪器	（1）在检修电气设备前，必须检查检修地点瓦斯浓度 （2）瓦斯浓度超限时，必须采取相应措施
8	送电	采煤机、刮板输送机、喷雾泵组合开关送电打到送电位置	开关显示正常	★未执行"谁送电，谁停电"原则，或"谁停电，谁开泵"原则，造成人员伤害	约定时间停送电	严格执行停送电制度
9	试运转	（1）解除闭锁启动采煤机、喷雾泵 （2）启动采煤机、喷雾泵	（1）采煤机、喷雾泵移除停电牌、解锁 （2）运行正常		井下高低压电停电送电，不执行"谁送电、谁停电"制度	
10	停机、闭锁	采煤机、喷雾泵停机	采煤机、喷雾泵开关闭锁			

152

科及以上学历。第Ⅰ类人员要求掌握3条本岗位最基本的流程；第Ⅱ类人员要求掌握3条本岗位最基本的流程，掌握2条更换设备常用件流程；第Ⅲ类人员要求本岗位掌握4条高频流程、3条中频流程、2条低频流程。

（2）第Ⅱ类人员每人每月上报一篇流程学习心得，一篇操作体验；第Ⅲ类人员每人每月上报一篇事故案例观后感，从流程角度分析事故原因。每人每月提出一条合理流程意见，根据区队安排写流程宣传报道，编写新增流程等。

（3）员工根据流程学习掌握、上报材料等方面进行积分评级管理，制定积分细则，共分为☆级、☆☆级、☆☆☆级。30~60分为☆级，60~80分为☆☆级，80~100分为☆☆☆级。每个级别的员工制定不同的激励措施。

（4）第Ⅲ类人员对第Ⅰ类人员实行一对一帮扶，帮助他们学习掌握本岗位流程，帮助他们掌握流程应知应会知识，督促他们现场作业执行标准作业流程。

第十四章　流程与其他管理体系融合

第一节　流程与安全生产标准化管理体系融合

SOPCM 与煤矿其他管理体系都存在一定的联系，分析 SOPCM 与其他管理体系的关系，找出两者的结合点，在应用时可以相互补充和完善，起到相互促进的作用。

一、融合出发点

安全生产标准化管理体系是指通过建立安全生产责任制，制定安全管理制度和操作规程，排查治理隐患和监控重大危险源，建立预防机制，规范生产行为，使各生产环节符合有关安全生产法律法规和标准规范的要求，该体系在煤矿应用以来，大幅提高了煤矿安全生产管理水平。安全生产标准化和煤矿标准作业流程各有侧重，安全生产标准化强调企业安全生产工作的规范化、科学化、系统化和法制化，强化风险管理和过程控制，注重绩效管理和持续改进，而岗位标准作业流程则重点解决作业过程中的标准化和效率问题，如何将两套体系有机融合，相互借鉴，实现安全高效生产，从而推动我国煤矿企业安全生产状况的根本好转显得尤为重要。

针对以上问题，对两套体系的特点和内涵进行深入分析和对比，揭示了两套体系的关系，补充了两套体系融合案例，为煤矿深入实施两套体系提供参考。

二、关系分析

（一）煤矿安全生产标准化主要内容

煤矿安全生产标准化管理体系包括理念目标和矿长安全承诺、组织机构、安全生产责任制及安全管理制度、从业人员素质、安全风险分级管控、事故隐患排查治理、质量控制、持续改进等 8 个要素。

（1）理念目标和矿长安全承诺，是指企业树立的安全生产基本思想，设定的安全生产目标和煤矿矿长向全体职工做出的安全事项承诺。理念和目标体现了煤矿安全生产的原则和方向，用于引领和指导煤矿安全生产工作。矿长安全承诺主要涵盖安全生产、安全投入、保障职工权益等方面，是尊重客观规律，依法组织生产，落实主体责任的体现。由矿长做出表率，职工实施监督。

（2）组织机构，是指根据煤矿安全生产实际需要，建立健全煤矿安全生产的管理部门，为安全生产工作提供组织保障。

（3）安全生产责任制及安全管理制度，是指建立完善安全生产责任制和管理制度，明确全体从业人员的岗位职责，是开展各项工作的基本遵循。

（4）从业人员素质，是指通过严格准入、规范用工，开展安全培训，提高从业人员素质和技能，控制人的不安全行为，为煤矿安全生产提供人才保障。

（5）安全风险分级管控，是指对生产过程中发生不同等级事故、伤害的可能性进行辨识评估，预先采取规避、消除或控制安全风险的措施，避免风险失控形成隐患，导致事故。

（6）事故隐患排查治理，是指对煤矿生产过程中安全风险管理措施和人的不安全行为、物的不安全状态、环境的不安全条件和管理的缺陷进行检查、登记、治理、验收、销号，避免隐患导致事故。

（7）质量控制，是指通过设定通风、地质灾害防治与测量、采煤、掘进、机电、运输等环节（露天煤矿为钻孔、爆破、采装、运输、排土、机电、边坡、疏干排水等环节）的质量和工作指标，以及调度和应急管理、职业病危害防治和地面设施等方面的管理标准，规范煤矿生产技术、设备设施、工程质量、岗位作业行为等方面的管理工作。

（8）持续改进，是指对管理体系运行情况的内部自查自评和对外部检查结果进行总结分析，评价管理体系运行情况，查找问题和隐患产生的原因，提出改进意见，提高体系运行质量。

（二）关系分析

1. 目的一致

煤矿安全生产标准化是指通过建立安全生产责任制，制定安全管理制度和操作规程，排查治理隐患和监控重大危险源，建立预防机制，规范生产行为，使各生产环节符合有关安全生产法律法规和标准规范的要求，人（人员）、机（机械）、料（材料）、法（工法）、环（环境）处于良好的生产状态并持续改进，不断加强企业安全生产规范化建设。煤矿标准作业流程则是通过制定高质量、高效率、高安全性的最优标准化作业程序，实现煤矿的高效安全生产。因此，二者的目的都是保证煤矿的安全生产，都能提高煤矿的安全生产管理水平。

2. 相互联系

煤矿标准作业流程为煤矿安全标准化的管理提供了有效途径，实现了煤矿安全由"被动管理"向"主动管理"的过渡。煤矿标准作业流程提供了规范、标准、安全的作业程序，从根本上消除了人的不安全行为。与此同时，煤矿安全标准化体系涵盖了煤矿各个方面，其评定标准又为煤矿标准作业流程提供了良好的借鉴和依据，使标准作业流程的内容进一步完整和细化。因此，煤矿安全生产标准化和煤矿标准作业流程互为补充，相辅相成，共同促进煤矿安全生产水平的提升。

三、融合案例

【例 14-1】 标准作业流程与安全生产标准化融合

随着标准作业流程的深入推进，某矿在编制安全技术措施时，优化了安全生产标准化流程步骤，制定出包括目标与计划、组织机构与职责、安全投入与技术保障、现场管理和过程控制、作业标准及防范措施等内容，涉及具体作业时，按照标准作业流程执行，通过细化流程步骤、作业内容、作业标准、岗位危险源及防范措施等内容，编制标准作业流程版安全技术措施。特别是对当班工作任务中高风险的作业项目，必须提前编制安全技术措施，措施要紧密结合此项任务的标准作业流程，包含作业内容、人员、风险描述、流程步骤、作业标准及防范措施等内容；同时附此类作业任务的典型事故案例，通过会审合格后，组织全员学习。在现场作业时，严格按照措施中辨识出的风险，制定切实可行的管控措施后，利用标准作业流程指导此项工作任务。以更换综采采煤机截割扭矩轴为例，在措施里面加入对应的流程内容，经过班前会重点讲解培训，现场组织得当，作业工序更合理每更换一次能节省约20 min。

第二节　流程与智能化建设相融合

一、融合背景

智能化建设是智能控制方法、智能管理理念和智能装备的有机结合，其本质是通过数据的采集、存储和分析实现数据可视化，实现管理业务的智能分析和智能决策。而这个过程的基础就是数据采集，要根据需求分析保证数据的准确性、规范化、标准化，而煤矿标准作业流程涵盖作业规范、安全风险信息、关键技术参数，是标准化和规范化的数据来源。同时，煤矿标准作业流程也是部分智能化项目的前提和基础，智能化建设是对部分业务管理水平的提升，是业务管理智能化的体现，部分智能化建设也是在原有的业务基础上进行了智能化改造形成的，而煤矿标准作业流程的发展也要不断适应智能化建设的需要，使之更加完善，适用性和操作性更强。

二、融合目的

SOPCM 拥有流程化的规范操作步骤，具有针对性的安全风险提示和评估，为智能化建设中的工业数据采集、视频识别和监测技术、标准检修的实现提供了最基本的依据。为了提高智能化建设质量，使智能化体系更加完整，必须引用煤矿标准作业流程的部分规范和基础数据，而这也对 SOPCM 的建设提出了更高的要求，也将促进 SOPCM 向智能化方向发展。

三、融合原理和方法

在智能化建设过程中，涉及基础操作规范、安全风险提示等内容，都需要以 SOPCM 为标准并引用 SOPCM 的标准文件，依据煤矿标准数据库以保证智能化建设数据来源的权威性和实时性；在实施过程中涉及标准化操作及相应规范，但是没有流程可以引用，这就需要编制相应的流程进行补充，同时，智能化改造后的操作规范也将按照流程内容和审批要求引入流程库，这就实现了两者的有机融合。

1. 煤矿标准作业流程为智能化建设提供基础数据支持

数据采集和存储是智能化建设的基础工作，数据采集质量直接关系到系统数据处理能力和数据分析结果，是智能化建设最基础最重要的工作。涉及的数据范围包括以下几个方面：标准检修工单、安全报警值、安全操作规范、设备信息命名规范、设备点检标准及报警阈值设置标准、工控数据命名规范、巡检标准。

从这些基础数据出发，提取关键数据作为报警阈值、过程参数和目标参数，这样就既保证指导现场的操作也反映现场作业的实际情况，又能保证智能化建设为生产运营服务的目的。智能化项目通过 SOPCM 有效掌握了规范性的生产实际操作情况，也有了基础数据来源。

在工业数据分析模型 PCS/MES/ERP 三层数据信息架构网络中（图 14-1），PCS 作为数据采集和控制层，是整个构架的基础，数据采集工作用到的安全操作规范、巡检标准、标准作业工单、仪器仪表、传感器等是数据采集工作的基础。而标准作业流程既直接体现了标准工单、规范操作和巡检标准的内容，也是实现仪器仪表和传感器安装、维护作业的依据。MES 制造执行系统中的数据分析模型中，标准化作业流程为模型数据分析提供最基础的操作程序和表单；精准生产测算系统、智能分选、设备状态在线监测、自动装车等都以标准化作业流程的基本作业步骤为依据。所以，标准化作业流程的应用和发展为智能化数据分析提供最底层的技术支持，助力智能化建设向标准化和规范化方向发展。

流程提供的数据支持和标准化建设思路在智能化建设中起到了关键性和基础性的作用。推动了洗选中心对 11 个选煤厂建设标准的统一，为洗选中心智能化建设在行业内推广提供了巨大便利（图 14-2）。

2. 煤矿标准作业流程是智能精准检修的基础

某集团洗选中心各选煤厂每年超过 8 h 的大型检修项目 1600 多项，检修是生产系统正常运转的基础保障，安全风险高，检修质量又关系着生产运营成本和生产任务能否实现。因此，实现精准检修对选煤厂的生产运营意义重大。

精准检修是指在智能选煤厂环境下，以标准作业流程为基础，结合设备状态在线监测、数字配电系统、智能手持终端等智能系统和设备，形成的适合智能选煤厂运行模式的检修方式，具体程序如图 14-3 所示。

SOPCM 涵盖了生产系统内的各种检修、巡检活动，是作业过程的细化，是一种科学的、流程化的标准。这些标准具有通用性，不仅为岗位人员提供作业指导，还是实现自动化、无人化操作的基本依据。洗选中心在推进智能选煤厂

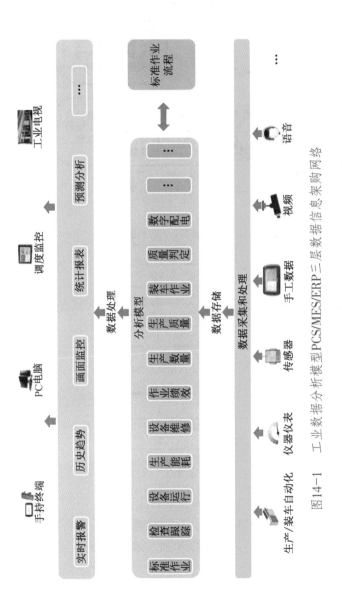

图14-1　工业数据分析模型 PCS/MES/ERP 三层数据信息架构网络

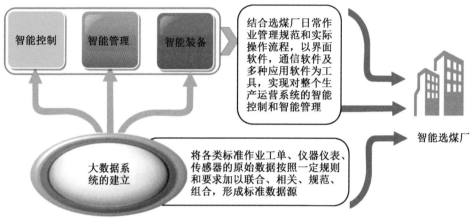

图 14-2　大数据分析在智能选煤厂建设中的作用

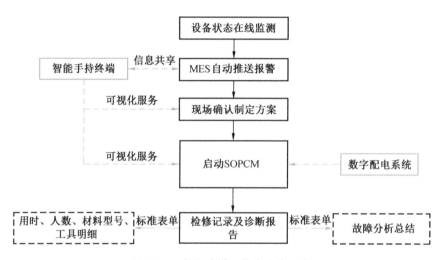

图 14-3　智能选煤厂精准检修程序

建设过程中，实现了区域巡视向无人值守转变；调度集中控制向移动控制转变；人工数据采集向系统自动采集转变；运行状态由经验分析向大数据智能分析转变。这四个转变的基础都是以人力操作的基本作业顺序为依据，经过标准作业流程的指导，结合建设实际形成的。

标准作业流程在精准检修实现的过程中，是最基础、最核心的部分，是流程在选煤厂生产过程中落地的具体体现。选煤厂精准检修从选煤厂设备状态在线监测系统监测到越限报警开始，精准定位生产系统内的设备故障点，检修人员到现场确认后制定维修方案。具体的维修过程以标准作业流程为依据，按照流程要求的步骤和风险提示进行作业。在作业的过程中，利用智能化手持终端进行相关的停送电操作、工单填写及远程可视化服务，实现专家远程指导。

同时，智能选煤厂 MES 系统在后台会记录相关的操作内容，智能数字配电（图 14-4）记录整个停送电动作。整个维修工作以标准作业流程来执行，目的是完成检修任务。在这个过程中，对流程的细化也提出了新的要求，如要求安全风险提示更加具有针对性，技术参数可作为相关数据分析的基本参数。因此，执行流程的细化随着智能系统和设备的升级改造要不断进行丰富和完善，以提升形成智能化建设各个项目的标准化水平。

以 SOPCM 为核心的精准检修会促进检修活动的标准化管理，逐渐形成人力、材料、工具和方法的标准使用依据，给企业的精益化管理带来巨大的附加效益。

四、融合案例

【例 14-2】依托流程工艺优化，助力智慧矿山建设

某矿依托标准流程的合理规范应用，实现了规模化、集约化安全高效生产，淘汰了落后的采煤工艺，引进新技术、新设备、新工艺，综采工作面煤机自动化割煤，支架跟机自动拉架、自动推刮板输送机，多岗合一，大幅度提高了装备水平和生产能力，自动化生产得到初步实现，为最终形成无人工作面可视化智能生产奠定基础。

某矿智能矿山总体规划如图 14-5 所示，智能矿山（锦界）示范工程项目主要包括综合智能一体化生产控制系统项目、综合智能一体化生产执行系统项目、自动化子系统升级改造项目、井上下 IT 基础设施建设项目四部分。

实践证明，矿井坚持推广标准流程的实践应用，积累了大量的实用性标准作业数据，为本矿的安全高效技改提供了数据支持。矿井实现了持续提升综合生产能力的目标，走上了良性发展、安全发展、循环发展之路，产生了较好的经济效益和社会效益，经营步入良性循环。标准流程的持续推广优化应用是现代煤矿建设的基础，更是推行数字化矿井的立足之本。某矿数字矿山整体建设情况如图 14-6 所示。

同时矿井从实际出发，紧紧依托流程工艺，发挥资源优势，利用先进设备，依靠科技进步，优化采掘布局，坚持把科技进步和智能化矿山建设作为推动矿

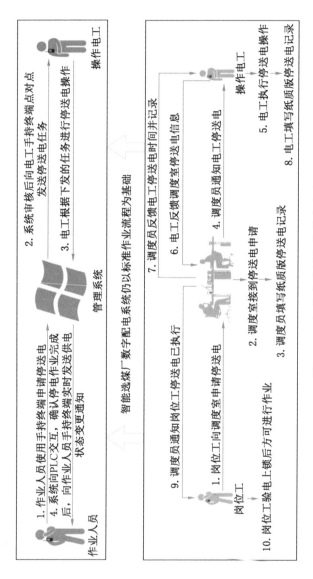

图14-4 智能选煤厂智能数字配电

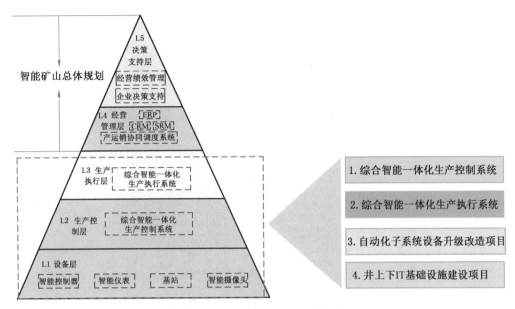

图 14-5　某矿智能矿山总体规划

区健康、持续、快速发展的首要战略任务，集中力量推行综采自动化、智能化割煤，规避人海战术，减员提效，某矿自动化割煤工作面发展历程如图 14-7 所示。依托标准流程工艺，充实自动化割煤流程数据库（图 14-8），发展智能开采工作面。

依托流程优化完善，革新改造数据传输方式，研发"十二"工步割煤工艺（图 14-9），实现稳定系统下的全采煤自动化工艺。第一工步：机头到机尾区间，根据记忆采高挖底调整左右滚筒高度；第二工步：机尾极限位置，停牵引、滚筒换向、自动返刀，反向牵引；第三工步：机尾极限位置到机尾三角煤折返点，煤机进煤窝，根据设定高度值调整前滚筒（左滚筒）高度……第十二工步：机头极限位置，停牵引、滚筒换向、自动返刀，反向牵引。

在该矿智能化开采的建设发展中，以标准流程数据为基础，以开采环境数字化、采掘装备智能化、生产过程遥控化、信息传输网络化和经营管理信息化为特质，以实现安全、高效、经济、环保为目标的采矿工艺过程，为建设世界一流煤矿奠定了坚实的基础。

【例 14-3】某洗选中心煤矿标准作业助力智能化选煤厂建设

智能选煤厂的实质是以智能为实现手段的安全、规范、高效的业务管理体

■ 生产综合一体化控制系统将矿井各业务子系统整合在一个平台上，实现七大功能（分别是基础功能、数据集成、远程监控、数据监控、智能监控、智能联动、智能报警和诊断与辅助决策）。

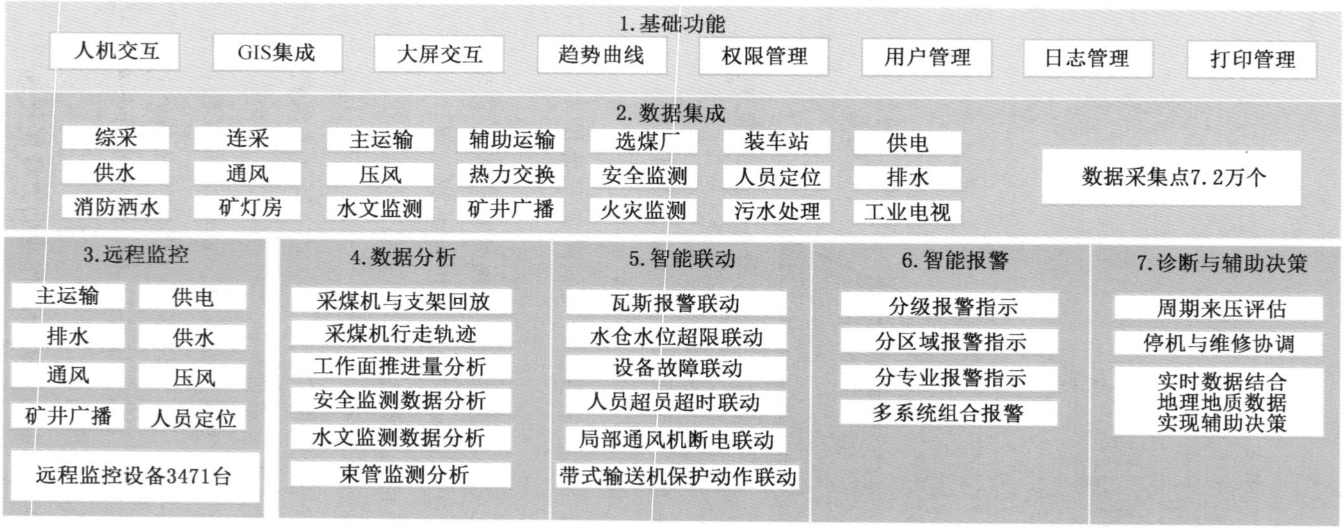

1. 基础功能

人机交互	GIS集成	大屏交互	趋势曲线	权限管理	用户管理	日志管理	打印管理

2. 数据集成

综采	连采	主运输	辅助运输	选煤厂	装车站	供电
供水	通风	压风	热力交换	安全监测	人员定位	排水
消防洒水	矿灯房	水文监测	矿井广播	火灾监测	污水处理	工业电视

数据采集点7.2万个

3. 远程监控

主运输	供电
排水	供水
通风	压风
矿井广播	人员定位

远程监控设备3471台

4. 数据分析

采煤机与支架回放
采煤机行走轨迹
工作面推进量分析
安全监测数据分析
水文监测数据分析
束管监测分析

5. 智能联动

瓦斯报警联动
水仓水位超限联动
设备故障联动
人员超员超时联动
局部通风机断电联动
带式输送机保护动作联动

6. 智能报警

分级报警指示
分区域报警指示
分专业报警指示
多系统组合报警

7. 诊断与辅助决策

周期来压评估
停机与维修协调
实时数据结合地理地质数据实现辅助决策

图14-6 某矿数字矿山整体情况

164

■ 锦界煤矿并积极探索自动化开采工艺，通过引进进口自动化割煤技术，与国内相关厂家合作、消化、吸收，研发出了具有自主知识产权的智能自适应控制综采自动化割煤技术

图 14-7　某矿自动化割煤工作面发展历程

■ 工作面采煤机、三机、泵站电控系统全部国产化改造，统一了接口标准协议，一套系统控制所有设备，控制系统实现了扁平化，数据交互实现了零延迟；采煤机、泵站等设备信息采用无线数据传输

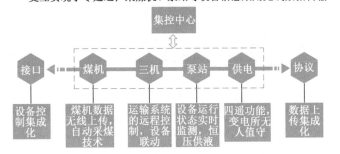

图 14-8　自动化割煤流程数据库

系。主要建设成果是生产系统运行效率的提高，大大降低了生产现场用人数量，降低工人劳动强度，工人职业健康状态得到改善，设备维护和故障诊断效率得到了极大的提高。发挥了洗选中心对 11 个选煤厂集中高效管理的优势，加强了选煤厂运营数据间的横向对比，促进了业务板块间的融合、规范化和标准化，提高了行业推广的适用性。而煤矿标准作业流程在智能化建设中发挥了基础性作用，主要体现在作业规范的引用，对部分业务流程规定的引用，对涉及的智能化子项目和大数据平台所需基础数据的采集及对流程标准化操作步骤的执行。智能选煤厂框架模型如图 14-10 所示。

■ 研发"十二"工步割煤工艺，实现全采煤自动化

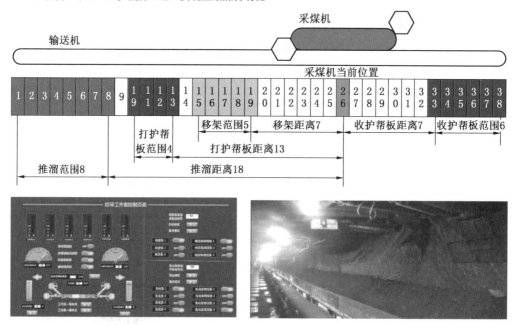

图 14-9 "十二"工步割煤工艺

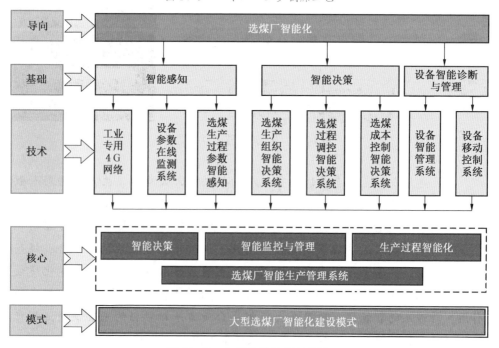

图 14-10 智能选煤厂框架模型

第三节　流程与内部市场化相融合

一、融合背景目的

煤矿企业内部市场化就是将市场机制引入企业，以企业内部各区队作为市场的经济主体，建立起一种统一性和灵活性相结合的企业管理机制，在企业内部引进市场的价格机制、例如区队采掘定额计件、辅助任务量化包干、矿务工程单项竞标、岗位总承包、任务饱和度、材料消耗等竞争机制，让企业区队直接面对市场，在市场压力下激发出创造力，所以岗位标准作业流程是企业实行内部市场化的基础和重要前提，通过干标准活和上标准岗，把工作任务精确量化，作业工时量化，使用工器具明确，材料成本量化，提高员工工效，减少故障及事故影响，通过岗位标准作业流程与企业内部市场化深度融合，强化岗位标准作业流程在矿井安全生产中的执行应用程度，同时为了有效控制在市场化经营工作中因准备不到位、准备不当造成的"浪费"（材料和工时的浪费）以及产生的不安全行为，遵循"干什么活，挣什么钱，多劳多得、质量优先"的原则，逐步形成了企业员工"向标准作业流程要安全、要质量、要效益"的共识，达到规范员工执行、提高工作效率、节约成本的目的，有利于企业发现和培养其核心竞争力，提高了企业的运作效率和盈利水平。

二、融合原理及方法

岗位标准作业流程与内部市场化融合的原理就是根据工作任务，也可以是岗位工作任务，如掘锚机司机岗位工作任务，也可以是具体某项工作任务，如掘锚机更换截齿工作任务，以煤矿标准作业流程为基础，按照标准作业流程规范操作步骤完成任务，通过大量的现场写实，确定工作任务所需人员数量、工器具、材料、作业工时，根据写实数据完成劳动定额单价、生产成本定额，以企业内部市场化方式进行任务承包、项目竞标，打破传统区队任务总承包，采掘一线、二线辅助系数考核结算方法，通过融合，不断提升员工业务技能，企业创新能力得到提高，企业核心竞争力和适应外部市场的能力也随之提高。

三、融合案例

【例14-4】流程与内部市场化相融合

在矿井生产经营活动中，工资定额结算最早是以一线吨煤、进尺、安全、辅助及其他以系数挂钩方式进行结算，中期工资定额结算加入了安全风险预控、成本、工效、企业文化建设等方面考核，但在企业内部，各区队工作任务固定，考核指标固定，考核结算只停留在矿级层面，区队班组及岗位员工不具备市场经营意识。虽然加入了较多的考核内容，但各区队每月工资结算差别不大，只有采掘一线与二线辅助差别，员工工作任务单一，换个工作任务就很难适应，这便导致企业生产经营机制僵化，企业内部缺少竞争和创新动力。柳塔煤矿为了解决这一问题，利用企业内部市场化平台，根据工作任务中每个岗位标准作业流程进行定额（图14-11），实施采掘定额计件、二线辅助工作量包干、矿务工程竞标、岗位总额包干的工资定额结算方式，通过不断推行标准化、程序化、规范化的作业流程，使员工上标准岗、干标准活，避免因准备不到位、准备不当造成"浪费"，杜绝员工不安全行为，提高了员工工作效率。以价值创造为导向，以标准作业流程步骤为节点进行绩效考核，体现多劳多得、质量优先的原则，逐步形成了全矿员工"向标准作业流程要安全、要质量、要效益"的共识，夯实了矿井安全根基，为矿井安全高效生产提供了重要的基础管理手段，助推煤矿企业持续健康稳定发展。

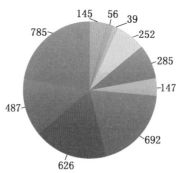

图14-11 某矿定额情况

【例14-5】某洗选中心流程与内部市场化融合

随着企业精益化管理水平的不断提高，对运营成本、劳动生产率、劳动效率等指标的管控越来越科学。洗选中心为实行经济效益的最大化，积极实施并推行了精准生产定制、作业成本法、内部市场化和定额量化包干等经营管理手段。而无论哪种管理理念，其基本依据都来源于现场实践。如内部市场化管理体系，就是以"承包"形式将选煤厂的生产任务进行量化，给予车间进行一定范围的自主经营权利，以"定额、定价"的方式形成压力传导效应，让车间、班组及员工个体形成自我管理、自我控制的理念。内部市场化的基础数据则来源于对各项材料消耗和人工成本的"定额"。

定额定价体系是实现内部市场化结算关系的基本工具和结算尺度，是内部市场规范运作的前提，以支撑内部市场化运行。洗选中心在制定定额计划时，将定额分成两类：材料类和人工类。人工定额主要采取了工作质量评价、工况因数分析和工作用时估算方式。其中，工作用时和对工作质量的评价以标准作业流程为基本依据。用标准作业流程的作业步骤和作业标准对工作时间和质量进行量化估算。所以，标准化作业流程体现了对管理创新的支撑作用（图14-12）。

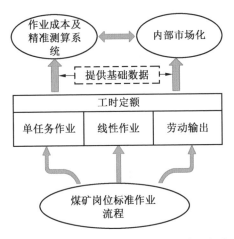

图14-12　SOPCM为定额提供基础作业标准

【例14-6】某矿岗位标准作业流程与内部市场化相融合

某矿为压缩各项成本支出，全面推行内部市场化，充分发挥市场调节作用，通过车辆考核、矿务工程、课件制作、人员内部市场化等方法，全面强化成本管控，降本增效，提高工作效率，增加经济效益，全面提升经营管理水平。岗位标准作业流程在内部市场化定额中作用关键。

内部市场化在进行定额时采用工时定单法，依靠标准作业流程分步骤作业的优势，矿经营办人员在现场对作业人员的每一步工作进行详细写实，记录作业时每一步需要的人员数量、作业时间、劳动强度和技能要求，对每一步作业内容进行定价，最后对整个作业项目给出合理的指导价格。

矿井积极拓展培训教材范围，实行课件制作内部市场化，建立了课件资源全员共享库。按照三维动画（500元/min）、二维动画（200元/min）、PPT（50~100元/个）、视频（1000~2000元/个）、交互操作（1000元/个）分类，通过审核验收的纳入课件库，目前课件库已存课件2463个，实现了单位效益、个人价值双赢。

第四节　流程与精益化管理融合

一、融合原因

开展精益化管理是矿井加快转变发展方式、提升核心竞争能力的重要手段，也是建设世界领先的清洁煤炭生产商的重要步骤和必经阶段；是应对煤炭市场下行，实现挖潜增效，降低运营成本，提升整体运营效率的有效路径；是全面贯彻落实公司战略决策部署，深入开展"成本管控"活动的有利抓手；是夯实管理基础，提升矿井管理水平，增加矿井经济效益的必然选择。从基础、基本功入手，应用对标管理方法，从精益化管理"持续消灭浪费，不断创造价值"的思想出发，以"降成本、提效率、增效益"为目标，以业务提效、成本降低和管理提升为主线，进行现状诊断，找出存在的突出问题和薄弱环节，确定关键业务指标，制定切实可行的改善措施，减少浪费，提高效率，提升管理水平和经济效益，促进矿井各业务持续、稳定、健康发展。

二、关系分析

推行精益管理模式能最大限度地减少各种形式的浪费，合理利用资源，提高整体效益。精益管理也有利于企业运行模式的改革。国有企业存在浪费严重的现象，运用精益管理方法，将有助于企业改革原有的运行模式，消除浪费，使之高效运转。

煤矿标准作业流程是在实践过程中总结出的能提高工作效率和作业标准的一种生产管理方法。精益生产的核心在"精"，也就是在生产过程中利用规范化的管理尽可能做到没有资源浪费，企业生产资源都能准确无误地应用在需要它的地方。在行动上将这一理念宣贯在整个企业文化中，鼓励和支持员工在精益管理方面主动学习、共同学习，完成传统低效率管理理念向低成本高效率的精益管理理念的转变。

三、融合方法

作业过程中的每一个精益管理的要求都是为了改善整个作业体系以利于下一次的作业，因此发现问题并不需要慌乱，恰恰相反的是这体现了标准化作业流程加深的一个契机和突破口。将工序科学化与低成本高效率的管理理念充分结合，将标准的工序循环时间、标准的资源持有总量与不浪费、不粗制滥造等理念结合，改善每一个环节，建立一套完善的岗位标准作业流程。

四、融合案例

【例14-7】某矿流程与精益化管理融合

某矿42203综放工作面安装过程中，由于单轨吊上DN50管路布置数量多，共计8趟管路（其中3趟排水管路、2趟喷雾管路、2趟运输机冷却水管管路、1趟风管路），距离长且外观相同不好辨别用途，考虑到损坏后更换时确定管路用途及采取相应措施耗时长并影响生产，利用安装铺设胶管的契机，决定将不同用途的管路进行编号管理，具体做法是将不同用途的管路连接直通使用不同颜色的对接（图14-13），然后进行对应编号备份（如红色为煤机喷雾、黄色为支架喷雾、绿色为输送机机尾冷却水、蓝色为风管等），编写了更换液管标准作业流程。

通过此操作大大降低了管路排查时间，更换效率至少提升50%，是精益化管理标准作业化思维改善典型实施案例。

【例14-8】某矿综采二队标准作业流程与精益化管理融合

思路和做法：基于流程的精益化管理方法主要从两方面入手，一是管理模式要"精"，主要通过诊断分析，删除非增值流环节，精炼流程步骤，完善业务逻辑和流程断点，缩短流程周期和时限，消除专业壁垒；二是管理效果要

图 14-13 流程与精益化管理融合案例现场

"益"，通过识别和改善流程环节资源配置，少投入资源、多产出成果，提升流程运转效率，提升经济效益。

综采二队在标准作业流程结合精益化管理时，利用与现场操作相结合的方式将标准作业流程运用到精益化管理的每一个细节中，员工记忆深刻，严格按照流程作业进一步提高工作效率和安全系数，在保障人员安全的前提下进一步提高设备的检修效率、检修质量和生产效率。

产生效益：通过对6—8月的数据统计分析可以看出，自强化开展标准作业流程及相关危险源学习和运用后，推进度、设备故障率、开机率、设备综合利用率（OEE）等各项精益化考核指标都显著提升，具体指标参数见表14-1。

表 14-1 指标参数变化情况   %

月份	设备故障率	开机率	设备综合利用率（OEE）	累计推进度
6	0.4	0.77	0.375	21
7	0.1	0.89	0.624	268.3
8	0.09	0.9	0.699	289.7

推广价值：精益化管理结合标准作业流程的运用，设备故障率降低了77.5%，开机率提升了16.8%，生产效率提升了37.9%，设备综合利用率提升了86.4%。

参 考 文 献

［1］ 王存飞. 煤矿岗位标准作业流程管理实践［M］. 北京. 应急管理出版社，2021.

［2］ SOP 标准作业指导书的作用与重要性解析［EB/OL］.［2020-6-22］. https：//wenku. baidu. com/view/e6d260920408763231126edb6f1aff00bed57090. html.

［3］ 何尚森，汤家轩. 研发岗位标准作业流程 促进煤矿人工智能发展［J］. 中国煤炭，2019，45（4）：19-24.

［4］ 武蒙. 煤制天然气项目采购业务流程优化与再造浅析［J］. 化工管理，2019，2020（29）：15-16.

［5］ 杜洁，张静，田广. 中国企业有了自己的 SOP［EB/OL］.［2020-6-20］. http：//finance. china. com. cn/roll/20120105/462260. shtm.

［6］ 标准化的基本理论.［EB/OL］.［2019-11-20］. https：//wenku. baidu. com/view/3ec768a203020740be1e650e52ea551811a6c9d9. html.

［7］ 崔克清. 安全工程大辞典［M］. 北京. 化学工业出版社，1995.

［8］ 华罗庚. 统筹方法平话及补充［M］. 北京. 中国工业出版社，1966.

［9］ CENTER A P A Q. Cross Industry Process Classification Framework［S］. 2016.

［10］ 永辉. 探讨企业流程分类框架的缘起以及其作用—信息化专区［EB/OL］.［2020-6-21］. http：//cio. it168. com/a2011/0315/1165/000001165898. shtml.

［11］ 张超，沈平. 基于流程管理的组织优化设计［J］. 中外企业家，2015，（31）：73.

［12］ 业务流程的分类问题和边界问题—百度文库［EB/OL］.［2020-6-22］. https：//wenku. baidu. com/view/1f10418949649b6648d747ea. html.

［13］ 张超，沈平. 基于流程管理的组织优化设计［J］. 中外企业家，2015，（31）：73.

［14］ 姜天笑. 浅谈科技查新工作中的 5W1H 分析法［J］. 情报探索，2011（5）：100-101.

［15］ 高清福，李启发. 煤矿岗位标准作业流程管理系统研究与设计［J］. 煤炭工程，2017，49（Z2）：50-52.

［16］ 王盛铭. 煤矿安全风险预控管理体系与煤矿岗位标准作业流程融合研究［J］. 煤炭工程，2019，51（4）：152-156.

图书在版编目（CIP）数据

煤矿标准作业流程编制与应用指南／中国煤炭工业协会编 . -- 北京：应急管理出版社，2021（2022.4 重印）

ISBN 978 - 7 - 5020 - 8845 - 3

Ⅰ.①煤… Ⅱ.①中… Ⅲ.①煤矿开采—作业管理—标准化管理—流程—中国—指南 Ⅳ.①TD82 - 65

中国版本图书馆 CIP 数据核字（2021）第 148540 号

煤矿标准作业流程编制与应用指南

编　　者	中国煤炭工业协会
责任编辑	成联君
编　　辑	杜　秋
责任校对	李新荣
封面设计	安德馨

出版发行　应急管理出版社（北京市朝阳区芍药居 35 号　100029）

电　　话　010 - 84657898（总编室）　010 - 84657880（读者服务部）

网　　址　www.cciph.com.cn

印　　刷　中煤（北京）印务有限公司

经　　销　全国新华书店

开　　本　710mm×1000mm$^1/_{16}$　印张　12　字数　193 千字

版　　次　2021 年 10 月第 1 版　2022 年 4 月第 2 次印刷

社内编号　20210903　　　　　　定价　108.00 元